MARABOUT *SAVOIRS*

Collection dirigée par Pierre Vallaud

Jean-Noël von der Weid

Formules de physique

MARABOUT

MÉCANIQUE

CINÉMATIQUE

La cinématique est la théorie qui, au sein de la mécanique, s'attache à la description des mouvements des systèmes matériels.

Deux notions sont indispensables à l'élaboration de la cinématique sous sa forme classique : celle de *solide invariable* et celle de *temps*.

Avec un espace euclidien dans lequel il peut mesurer des longueurs et situer des points géométriques et des solides, muni d'un dispositif chronométrique grâce auquel il peut mesurer des durées de manière continue et donner une date à tout événement instantané, le mécanicien décrit alors les mouvements des sytèmes physiques en commençant par le plus simple de ces systèmes, celui qui ne comporte qu'un solide.

Décrire le mouvement d'un solide reviendrait à décrire le mouvement de chacun de ses points, ce qui, sauf dans certains cas particuliers, est fort difficile. On étudie en général le mouvement d'ensemble du solide, qui est le mouvement de son **centre d'inertie** ***G*** (encore appelé centre de masse ou centre de gravité).

Les autres points du solide peuvent être animés d'un mouvement de rotation autour de *G*. Le mouvement du centre d'inertie d'un solide pseudo-isolé, à savoir un solide pour lequel la somme des forces appliquées est nulle, est rectiligne et uniforme. On peut considérer le référentiel terrestre (il faut absolument préciser le référentiel par rapport auquel le mouvement d'un mobile est observé) comme galiléen. D'où le principe d'inertie, qui s'énonce : dans un référentiel galiléen, le mouvement du centre d'inertie d'un solide isolé (ou pseudo-isolé) est rectiligne et uniforme.

L'un des points du solide est en mouvement si sa position, par rapport au référentiel considéré, change au cours du temps. Considérons un repère d'espace orthonormal :

$$\mathcal{R}\,(O, \vec{i},\vec{j},\vec{k}).$$

Il permet de situer un point quelconque *M* de l'espace par ses coordonnées *(x, y, z)*. On peut donc repérer un point mobile en coïncidence avec *M* à un instant donné. A un solide de référence, on peut associer un nombre infini de repères d'espace différents : il s'agit de choisir le plus pratique.

Non seulement il faut connaître la position du solide dans l'espace, mais aussi l'instant où il occupe cette position. Un repère de dates, ou échelle de temps, permet de situer dans le temps (de dater) un événement par rapport à un événement origine auquel on attribue alors la date origine $t_0 = 0$.

Un repère semblable (t_0, u_t) est constitué de sa date origine et d'une unité de durée u_t. L'unité de durée, dans le système international, est la **seconde** (symbole : **s**).

Dans un référentiel donné, la trajectoire d'un point mobile *A* est l'ensemble des positions successivement occupées par ce point au cours du temps. Comme la trajectoire est connue, nous pouvons repérer la position du point mobile par son abscisse curviligne qui est définie par :

- un point origine A_0, position de *A* à la date t_0 ;
- une orientation de la trajectoire ;
- l'arc orienté $\widehat{A_0 A}$.

Le vecteur vitesse du point mobile A, à la date t_i, est alors défini par :

$$\vec{v}\, t_i = v\ (t_i)\ .\ \vec{u},$$
où $v\ (t_i)$ est la vitesse instantanée.

On découvre alors que le vecteur vitesse a :

- la direction de la tangente à la trajectoire en A_i;
- le sens du mouvement ;
- pour norme la mesure de la vitesse instantanée.

Nous savons par définition, pour ce qui est du mouvement rectiligne uniforme, que dans un référentiel donné, un point mobile A est animé d'un mouvement rectiligne uniforme quand, d'une part, sa trajectoire est une droite toujours décrite dans le même sens et que, d'autre part, il parcourt des distances égales pendant des durées égales.

Pour ce qui est du mouvement circulaire, par définition, un point est animé d'un mouvement circulaire, dans un référentiel donné, s'il décrit une circonférence de centre fixe.

Considérons la vitesse angulaire : soient A_1 et A_3, deux positions occupées par le point mobile A à des dates très rapprochées t_1 et t_3. La mesure de la vitesse instantanée à la date t_2 est :

$$v\,(t_2) = \frac{A_1 A_3}{t_3 - t_1} = \frac{R\ .\ \Delta\ \alpha}{\Delta\ t}.$$

Le rapport entre $\Delta\alpha$ et $\Delta\tau$ est la vitesse angulaire du point mobile à la date considérée.

Cette vitesse se mesure en **radians par seconde** (symbole : **rad . s^{-1}**). Il existe donc une étroite relation entre la vitesse linéaire v et la vitesse angulaire ω.

La définition du mouvement circulaire uniforme peut être calquée sur celle du mouvement rectiligne uniforme.

Un point est animé d'un mouvement circulaire uniforme s'il parcourt sur une même circonférence, toujours dans le même sens, des distances égales durant des durées égales.

Ainsi, la vitesse linéaire v du point est constante ; il en sera de même pour ce qui est de la vitesse angulaire ω. En revanche, le vecteur de la vitesse instantanée voit sa direction changer à chaque instant, même s'il conserve la même mesure.

Mouvements d'un solide

Les points d'un solide S n'ont en général pas le même mouvement. Leurs trajectoires ne sont pas superposables et leurs vitesses sont différentes. Mais si les trajectoires des différents points du solide sont superposables, chacun de ses points M_i a le même vecteur vitesse à chaque instant :

$$V_{M_1} = V_{M_2} = \ldots = V_{M_i} = \ldots$$

et l'on dit alors que le solide est animé d'un mouvement de translation.

Tous les points d'un solide en translation ont, à chaque instant, le même vecteur vitesse.

Sans oublier que dans un mouvement de translation, tous les points du solide ont, pour une même durée donnée, le même vecteur de déplacement.

Une cabine suspendue d'une grande roue reste pratiquement toujours verticale. Son mouvement est en fait un mouvement de "translation circulaire". Chaque point de la cabine possède, à chaque instant, le même vecteur vitesse, tout en décrivant une trajectoire circulaire qui lui est propre.

Durant un mouvement de rotation d'un solide autour d'un axe fixe, tous les points de ce solide ont des trajectoires circulaires centrées sur l'axe et présentent la même vitesse angulaire ω.

En revanche, tous les points du mobile n'ont pas la même vitesse instantanée v. Pour une vitesse angulaire donnée, les points éloignés de l'axe vont plus vite que ceux qui en sont proches. La vitesse angulaire nous fournira donc des indications importantes pour ce qui est de l'étude du mouvement de rotation d'un solide autour d'un axe fixe.

Enfin, si la vitesse angulaire ne dépend pas du temps, le mouvement du solide consiste en un mouvement de rotation uniforme.

La chute libre

La chute libre est le mouvement d'un corps soumis uniquement à son poids qui est abandonné sans vitesse initiale en un point qui est désigné O.

Dans la mesure où l'on peut négliger la force de résistance de l'air devant le poids, les corps ont tous, quelle que soit leur masse, le même mouvement de chute libre. Ce mouvement a en première approximation pour trajectoire la verticale O_z de O. C'est un mouvement uniformément accéléré d'équation horaire :

$$z = \frac{1}{2} g t^2.$$

Le module de son accélération *(accélération de la pesanteur)* est égal à l'*intensité de la pesanteur g* au lieu considéré. Des expériences démontrent que la chute libre ne s'effectue pas exactement le long de la verticale.

L'unité d'accélération est, dans le système international, le **mètre par seconde,**

par seconde (symbole : **m . s**$^{-2}$).

Le mouvement de chute libre d'un solide sans vitesse initiale est un mouvement de translation rectiligne vertical, uniformément accéléré vers le bas, régi par les relations :

$$v = g \,.\, t \quad \text{et}$$
$$x = \frac{1}{2} g \,.\, t^2.$$

Energie cinétique

Pour l'énergie cinétique de translation, un solide de masse *m*, animé d'un mouvement de translation, peut, lors d'un choc, déformer ou déplacer un autre objet ; il possède de l'énergie liée à son mouvement. Ce solide possède de l'*énergie cinétique*.

Nous aurons, par définition :

L'énergie cinétique $\mathcal{E}_c$ d'un solide de masse *m*, animé d'un mouvement de translation de vecteur vitesse $\vec{v}$, est égale au demi-produit de la masse par le carré de la norme du vecteur vitesse :

$$\mathcal{E}_c = \frac{1}{2} m \,.\, v^2.$$

L'énergie cinétique se mesure en **joules** (symbole : **J**) dans le système international d'unités.

La relation entre la vitesse *v*, acquise par un solide en chute libre sans vitesse initiale, et la hauteur de chute *h* :

$$v^2 = 2g \,.\, h \,.$$

En multipliant chacun des membres de l'égalité par la moitié de *m*, nous obtenons l'expression de l'énergie cinétique :

$$E_c = \frac{1}{2} m \,.\, v^2 = m \,.\, g \,.\, h.$$

L'énergie cinétique d'un corps acquise en chute libre est donc proportionnelle à la hauteur de la chute *h*.
L'énergie cinétique obtenue par un corps en chute libre sans vitesse initiale est égale au travail du poids, seule force appliquée au corps :

$$\mathcal{E}_c = W\left(\vec{P}\right).$$

Dans le système international d'unités, et comme pour l'énergie cinétique, le travail du poids se mesure en **joules** (symbole : **J**).

Pendant une chute libre sans vitesse initiale, l'énergie cinétique acquise par un solide est égale au travail de son poids.

TRAVAIL ET PUISSANCE

Durant un déplacement élémentaire, le travail dW produit par une force $\vec{f}$ est égal au produit scalaire de cette force par le vecteur-déplacement $\vec{dl} = \overrightarrow{MM''}$ de l'élément de matière auquel cette force s'applique :

$$dW = \vec{f} \cdot \vec{dl}.$$

Le travail est l'un des modes de transfert de l'énergie ; donc, dans le système international d'unités, les travaux s'expriment en joule (J).

Le travail *W* est une grandeur algébrique; sa mesure est positive, nulle ou négative.

Pour $0 \leq \alpha < \frac{\pi}{2}$,
$\cos \alpha > 0$,
et $\boldsymbol{W} > 0$.

Le travail est moteur.

Pour $\alpha = \frac{\pi}{2}$,
$\cos \alpha = 0$, et $W = 0$.

Le travail d'une force perpendiculaire au déplacement est nulle.

Pour $\frac{\pi}{2} < \alpha \leq \pi$,
$\cos \alpha < 0$,
et $W < 0$.

Le travail est résistant.

La force agit également sur les particules élémentaires, neutrons, protons, électrons. Ceux-ci sont de dimension extrêmement faibles et peuvent être assimilés à des points matériels dont la masse est connue avec précision.

Nous savons déjà qu'un solide lâché sans vitesse initiale et tombant en chute libre est animé d'un mouvement de translation rectiligne suivant la verticale.

Le travail du poids $\vec{P}$, somme des forces de pesanteur réparties en volume vaut :

$$W_{A \to B}(\vec{P}) = \vec{P} \cdot \overrightarrow{AB} = m \cdot \vec{g} \cdot \overrightarrow{AB}.$$

Le travail du poids d'un corps ne dépend que de la différence d'altitude du centre d'inertie G de ce corps, et ce, quelle que soit la trajectoire de G et quel que soit le mouvement propre du corps autour de G :

$$W_{A \to B}(\vec{P}) = m \cdot g \cdot (Z_A - Z_B).$$

La puissance, c'est la vitesse de transfert de l'énergie (énergie transmise par unités de temps) : un système dont l'énergie varie de dE entre les dates t et $t + \mathrm{d}t$ reçoit à la date t la puissance :

$$P = \frac{\mathrm{d}E}{\mathrm{d}t}.$$

La mesure de la puissance d'une force se déduit du quotient $\frac{\delta W}{\delta t}$;

elle s'exprime en **joules** par seconde (symbole : **J. s**$^{-1}$).

L'unité de puissance, dans le système international, a reçu un nom particulier, le **watt** (symbole : **W**).

Soit : **1 W = 1 J . s**$^{-1}$.

On utilise souvent les multiples suivants :

- le **kilowatt** (kW) ;
- le **mégawatt** (MW) ;
- le **gigawatt** (GW).

La puissance d'un ensemble de forces réparties agissant sur un solide est égale à la somme des puissances des différentes forces :

$$\mathcal{P}(t) = \Sigma \vec{F}_i \cdot \vec{v}_i.$$

TRAVAIL EFFECTUÉ PAR UNE FORCE DE PUISSANCE CONSTANTE

Connaissant la puissance $\mathcal{P}$ d'une force $\vec{F}$, le travail élémentaire de cette force peut être calculée pour la durée élémentaire δt :

$$\delta W = \mathcal{P} \cdot \delta t.$$

A puissance constante, le travail effectué par une force pendant une durée donnée est égal au produit de la puissance par cette durée.

SOLIDE EN ROTATION AUTOUR D'UN AXE FIXE

Considérons le moment d'une force orthogonale à l'axe.

Soit un solide qui peut tourner autour d'un axe fixe Δ. Une force $\vec{F}$, située ponctuellement, agissant sur ce solide peut engendrer, entretenir ou modifier la rotation de ce solide autour de l'axe.

Commençons par examiner une force qui se trouve dans un plan perpendiculaire à l'axe. Les effets de cette force dépendent :

- de l'intensité $F = \|\vec{F}\|$ de la force ;
- de la position de la droite d'action de la force par rapport à l'axe Δ.

Par définition :

La valeur absolue du moment $\mathcal{M}_\Delta(\vec{F})$ d'une force $\vec{F}$ orthogonale à l'axe Δ est égale au produit de l'intensité F de la force par la distance d, appelée bras de levier, entre l'axe et la droite d'action de la force.

Dans le système international d'unités, l'unité de mesure de moment est le **newton-mètre** (symbole : **N . m**).

Le moment d'une force est une grandeur algébrique : le choix d'un sens positif de rotation autour de l'axe permet de conférer au moment de cette force une mesure positive si la force tend à faire tourner le solide dans le sens choisi, une mesure négative dans le cas contraire.

Une force $\vec{F}$ quelconque peut être décomposée en deux forces $\vec{F}_\perp$ et $\vec{F}_{//}$:

$$\vec{F} = \vec{F}_\perp + \vec{F}_{//},$$

avec $\vec{F}_\perp$ orthogonale à l'axe et $\vec{F}_{//}$ parallèle à l'axe.

Deux forces $\vec{F}_1$, $\vec{F}_2$ telles que $\vec{F}_1 = -\vec{F}_2$, mais ne possédant pas la même droite d'action forment un couple de forces.
Un couple agissant sur un solide ne peut faire varier le mouvement de son centre d'inertie G, mais joue un rôle sur le mouvement de rotation de ce solide autour d'un axe Δ. Le sommet des moments des forces est appelé le moment du couple :

$$\mathcal{M}_\Delta(\vec{F}_1, \vec{F}_2) = \mathcal{M}_\Delta(\vec{F}_1) + \mathcal{M}_\Delta(\vec{F}_2).$$

La valeur absolue du moment d'un couple de forces correspondant à un axe orthogonal au plan du couple est égale au produit de l'intensité F commune aux deux forces par la distance d laquelle divise leur droite d'action.

Lorsque l'on prend à pleine main un robinet ou la poignée d'une porte, on exerce un ensemble de forces réparties capables d'engendrer la rotation du système ; cet ensemble se comporte comme un couple de forces, et peut être caractérisé par le moment de ce couple.

Prenons l'exemple d'une bicyclette ; faisons tourner la roue avant : la vitesse de rotation faiblit peu à peu en raison des frottements, et la roue finit par s'arrêter de tourner. Les frottements, dus à des forces réparties, peuvent être comparés à un couple appelé *couple de frottement.*

Une tige cylindrique d'axe Δ peut être tordue autour de son axe. Des *barres de torsion* équipent le système de suspension de certains véhicules. Des *fils de torsion* aux usages divers existent également.

PUISSANCE ET TRAVAIL D'UNE FORCE AGISSANT SUR UN SOLIDE EN ROTATION AUTOUR D'UN AXE

Considérons un solide animé d'un mouvement de rotation de vitesse angulaire ω autour d'un axe fixe Δ. La trajectoire d'un point M quelconque d'un tel solide est un cercle.

Le centre de ce cercle, O, se situe sur l'axe. Soit une force orthogonale à l'axe et appliquée en ce point M. Sa position instantanée est :

$$\mathcal{P} = \vec{F} \cdot \vec{v}(M) = \|\vec{F}\| \cdot \|\vec{v}\| \cdot \cos\left(\widehat{\vec{F}, \vec{v}}\right).$$

Or $\|\vec{v}\| = OM \cdot \omega$;

d'où, avec $\|\vec{F}\| = F$ et $\widehat{\vec{F}, \vec{v}} = \theta$:

$$\mathcal{P} = F \cdot OM \cdot \omega \cdot \cos\theta.$$

La relation qui découle est algébrique ; en effet :

- pour $0 \leq \theta < \frac{\pi}{2}$,
$\mathcal{M}_\Delta(\vec{F}) > 0$, la puissance est positive ; la force fait un travail moteur : elle participe à la rotation du solide ;

- pour $\theta = \frac{\pi}{2}$, le moment et la puissance sont nuls ; la force n'a pas d'effet sur la rotation du solide ;

- pour $\frac{\pi}{2} < \theta \leq \pi$,
$\mathcal{M}_\Delta(\vec{F}) < 0$,
la puissance est négative ; la force fait un travail résistant : elle va à l'encontre de la rotation du solide.

Ce résultat demeure valable pour une force quelconque.

La puissance instantanée d'une force qui s'exerce sur un solide en rotation autour d'un axe fixe est égale au produit du moment de cette force correspondant à cet axe de par la vitesse angulaire du solide.

Le travail élémentaire δW de la force pendant la durée élémentaire δt durant laquelle le solide tourne d'un angle $\delta\alpha$, sera :

$$\delta W = \mathcal{P} . \delta t.$$

Or $\mathcal{P} = \mathcal{M}_\Delta . \omega$, d'où :

$$\delta W = \mathcal{M}_\Delta . \omega . \delta t,$$

soit, avec $\omega . \delta t = \delta\alpha$:

$$\delta W = \mathcal{M}_\Delta . \delta\alpha.$$

Pour une durée $\Delta t = t_2 - t_1$, le travail fait sera :

$$W = \sum_{t_1}^{t_2} \delta W = \sum_{t_1}^{t_2} \mathcal{M}_\Delta . \delta\alpha,$$

somme des travaux élémentaires entre t_1 et t_2.

Considérons le travail et la puissance d'un couple ; si un couple agit sur un solide en rotation, la puissance instantanée du couple vaut :

$$\mathcal{P} = \mathcal{M}_\Delta . \omega.$$

ENERGIE CINÉTIQUE

La cinétique fait appel aux notions de longueur, de temps et de masse. Aussi est-elle le prolongement de la cinématique, puisque son élaboration ne demande que l'introduction d'une nouvelle notion : celle de masse.

On admet par principe que, pour tout ensemble matériel que l'on suit dans son mouvement, la masse est invariante dans le temps.

La cinétique, outre les renseignements qu'elle fournit sur la répartition de la matière dans un ensemble physique, introduit des grandeurs que l'on emploie systématiquement dans les applications des principes généraux de la dynamique et de la statique des ensembles matériels quelconques.

Energie cinétique

Pour un solide en translation, nous avons vu qu'un solide possède une énergie (mesurée en joules) appelée énergie cinétique, telle que :

$$\mathcal{E}_c = \frac{1}{2} m \cdot v^2.$$

L'énergie cinétique est donc proportionnelle à la masse du mobile et proportionnelle au carré de la vitesse. Ainsi, en doublant la vitesse d'une automobile, on multiplie par quatre son énergie cinétique.

Pour un solide en rotation à la vitesse angulaire ω autour d'un axe fixe Δ, on obtient, J_Δ désignant le moment d'inertie du solide par rapport à Δ :

$$\mathcal{E}_c = \frac{1}{2} J_\Delta \cdot \omega^2.$$

THÉORÈME DE L'ÉNERGIE CINÉTIQUE

La relation pour ce qui est de la chute libre sans vitesse initiale d'un corps, est :

$$\frac{1}{2}m \cdot v^2 = P \cdot h = m \cdot g \cdot h.$$

Cette relation indique que le travail de la seule force appliquée au corps, à savoir son poids, est égal à la variation de l'énergie cinétique du solide (l'énergie cinétique initiale étant nulle).

Voyons s'il existe toujours une relation entre la variation d'énergie cinétique d'un corps et le travail des forces qui lui sont appliquées.

Pour ce qui est de la translation rectiligne, plaçons par exemple un palet de masse m sur une table à coussin d'air inclinée d'un angle α avec l'horizontale. L'expérience prouve que le palet décrit une ligne de plus grande pente sur le plan incliné, selon un mouvement rectiligne.

Durant une durée donnée, la variation de l'énergie cinétique d'un solide animé d'un mouvement de translation rectiligne est égale au travail des forces appliquées à ce solide pendant cette même durée.

Le théorème de l'énergie cinétique s'énonce comme suit : la variation, durant une durée donnée, de l'énergie cinétique d'un solide est égale à la somme algébrique des travaux effectués par les forces appliquées au solide pendant une durée identique.

Ce théorème se traduit par l'équation :

$$\mathcal{E}_{c_2} - \mathcal{E}_{c_1} = W_{1\to 2},$$

où : $\mathcal{E}_{c_2}$ est l'énergie cinétique du solide à la date t_2 ;

$\mathcal{E}_{c_1}$ est l'énergie cinétique du solide à la date t_1 ;

$W_{1\to 2}$ est la somme des travaux des forces appliquées au solide durant $t_2 - t_1$.

ENERGIE POTENTIELLE DE PESANTEUR-ÉNERGIE MÉCANIQUE

Un corps qui tombe en chute libre voit sa vitesse augmenter proportionnellement à la durée de chute. Ainsi, un corps situé en altitude peut, en tombant, avoir une énergie cinétique d'autant plus importante que la hauteur de chute est grande.

En raison de sa position par rapport au sol, ce corps a de l'énergie "en réserve" : l'énergie potentielle. Celle-ci peut être transformée en énergie cinétique durant la chute. Elle dépend de la position du corps par rapport au sol et augmente avec l'altitude.

L'eau d'un barrage possède ainsi, par sa situation, une énergie potentielle qui peut être transformée de manière à actionner une turbine d'alternateur.

La variation de l'énergie cinétique d'un corps soumis aux seules forces de la pesanteur est égale à l'opposé de la variation de son énergie potentielle :

$$\Delta \mathcal{E}_p = - \Delta \mathcal{E}_c.$$

Par définition, l'énergie potentielle de pesanteur d'un corps placé dans un champ de pesanteur uniforme a pour expression :

$$\mathcal{E}_p = m \, . \, g \, . \, z,$$

où z est la cote (altitude) du centre d'inertie du corps sur un axe *(Oz)* vertical orienté vers le haut.
L'énergie potentielle dépend de l'altitude du centre d'inertie.

C'est une énergie de position, de situation.
L'énergie potentielle, de même que l'altitude, n'est pas définie de façon absolue ; elle est dépendante du choix de la cote zéro, ou *cote de référence*. C'est pourquoi l'énergie potentielle d'un corps ne sera pas identique suivant qu'on la définit par rapport au sommet d'une colline ou tout au fond d'un puits.

La variation de l'énergie potentielle de pesanteur d'un corps est égale à l'opposé du travail du poids de ce corps :

$$\mathcal{E}_{p_B} - \mathcal{E}_{p_A} = - W_{A \to B}(\vec{P}).$$

La variation de l'énergie potentielle d'un solide situé dans le champ de pesanteur est toujours égale, par définition, à l'opposé du travail du poids.

Quand le solide subit d'autres forces que le poids, nous pouvons être en présence de deux cas :

- toutes les forces se trouvent être conservatrices (forces de contact sans frottement, par exemple) : l'énergie mécanique du solide se conserve ; à toute variation de l'énergie cinétique du solide correspond une variation opposée de son énergie potentielle.

- certaines de ces forces sont non conservatrices (forces de contact avec frottement...) : l'énergie mécanique du solide ne se conserve pas ; sa variation est égale au travail des forces non conservatrices appliquées au solide.

LE PENDULE PESANT

Un pendule pesant consiste en un solide mobile autour d'un axe horizontal. Dans la mesure où l'on peut laisser de côté les frottements, le pendule, écarté initialement de sa position d'équilibre stable ($\theta = 0$), effectue autour de celle-ci des oscillations périodiques. Si l'amplitude angulaire du mouvement est faible, θ varie en fonction du temps de façon sensiblement sinusoïdale. La période T_0 de telles oscillations est indépendante de l'amplitude α : on dit que les petites oscillations d'un pendule sont *isochrones*.

J_Δ étant le moment d'inertie par rapport à Δ du solide, M sa masse, a la distance de son centre de masse G à Δ, g l'intensité de la pesanteur, la période des petites oscillations est donnée par :

$$T_0 = 2\pi \sqrt{\frac{J_\Delta}{Mga}}.$$

Pour des amplitudes pas trop importantes, le terme correctif à apporter à la période peut être calculée par la *formule de Borda :*

$$T = T_0 \left(1 + \frac{\alpha^2}{16}\right),$$

α étant exprimé en radians.

MASSE ET ENERGIE

La masse, selon Newton, avait un caractère "absolu". Ce qui allait être mis en cause après une étude critique de la notion de simultanéité. Einstein démontre qu'un corps animé d'une vitesse v se comporte comme si sa masse n'était plus égale à sa valeur au repos m_0 mais à :

$$m = \frac{m_0}{\sqrt{1 - (v^2/c^2)}}.$$

On augmente donc la vitesse d'un corps en lui communiquant de la vitesse. Mais accroître la vitesse d'un corps revient à augmenter son énergie cinétique. Une relation apparaît ainsi entre masse et énergie W d'un corps en mouvement, relation que l'on peut écrire : $W = (m - m_0) c^2$.

Cette notion est incompatible avec l'additivité des masses que l'expérience semble nous enseigner. Car il suffit, lorsqu'un corps se décompose en plusieurs autres, que cette décomposition s'accompagne d'un dégagement d'énergie pour que la masse des produits de la décomposition ne soit alors plus égale à celle du corps initial.

ELECTRICITÉ

CHAMP ÉLECTROSTATIQUE

Une des lois les plus anciennes de l'électricité est la *loi de Coulomb* : deux charges électriques au repos placées dans le vide exercent l'une sur l'autre une force proportionnelle à chacune des charges et inversement proportionnelle au carré de leur distance ; cette force est une répulsion lorsque les charges sont de même signe, une attraction dans le cas contraire.

Une charge ou un système de charges électriques étant en mesure d'exercer sur un autre système de charges une force résultante de Coulomb, on peut considérer que dans tout espace au sein duquel est plongé un de ces systèmes règne un champ de forces, que l'on appelle un champ électrostatique.
Une partie importante de l'électrostatique est consacrée à l'étude de la répartition des charges électriques en équilibre sur les corps. En raison des facilités de déplacement des charges électriques, l'équilibre de celles-ci présente des caractères très particuliers. On montre ainsi que, lorsqu'un corps conducteur se trouve en équilibre, les charges électriques que celui-ci peut contenir, s'il n'est pas électriquement neutre, sont situées à la surface du conducteur.
La distribution des charges est caractérisée par la densité électrique de surface.
Le vecteur du champ électrostatique est le suivant : en tout point *M* du voisinage de la Terre, un corps de masse *m* est soumis à son poids. On écrit :

$$\vec{P}(M) = m \, . \, \vec{g}(M).$$

$\vec{g}(M)$ est le champ de pesanteur en M ; il ne dépend que de la position de M et non de la masse m.

Il règne en M un champ électrostatique défini par :

$$\vec{F}(M) = q \cdot \vec{E}(M).$$

Ce vecteur caractérise les propriétés électriques de l'espace en un point M quelconque. Il ne dépend pas de la charge q située en ce point.

> En un point M, le vecteur champ électrostatique $\vec{E}(M)$ a même direction et même sens que le vecteur force qui s'exercerait sur une charge positive située en ce point.

Remarquons que le vecteur champ électrostatique ne dépend pas des charges placées au point M, à condition que ces dernières, appelées encore "charges d'essai", soient suffisamment petites pour ne point perturber l'équilibre des autres charges qui se trouvent à l'origine du champ ("charges sources").

LIGNES DE CHAMP

Les lignes de champ sont des lignes tangentes en chacun de leurs points au champ électrostatique.
On peut visualiser des lignes de champ en déposant des graines légères sur un liquide isolant placé dans la région de l'espace à étudier. Ces graines peuvent s'aligner suivant la direction et le sens du vecteur champ.

A partir d'une ligne de champ, nous pouvons fixer en un point la direction et le sens du vecteur champ :

- direction qui est celle de la tangente à la ligne de champ passant par ce point ;

- sens qui est celui de la force électrostatique qui aurait une action sur un porteur de charge positive situé en ce point.

Si, en tous les points d'une région de l'espace, le vecteur champ électrostatique est le même, ce champ est *uniforme* dans cette région.
Par conséquent, les lignes de champ d'un champ électrostatique uniforme sont parallèles. Dans un oscillographe, le faisceau d'électrons peut être dévié latéralement par deux champs électrostatiques uniformes créés par deux paires de plaques sur lesquelles sont alors appliquées des tensions.

Différence de potentiel

Prenons deux points A et B situés dans un champ électrostatique uniforme. Leur position, par rapport aux plaques, n'est pas la même. Entre eux, il existe une différence de potentiel (d. d. p.) électrique, laquelle peut éventuellement être nulle. Cette différence de potentiel dépend du champ et des différentes positions des points A et B dans le champ. On pose, par définition :

> La différence de potentiel entre deux points A et B situés dans une région de l'espace où règne un champ électrostatique uniforme est égale au produit scalaire du champ $\vec{E}$ par le vecteur $\overrightarrow{AB}$:
>
> $$V_A - V_B = \vec{E} \cdot \overrightarrow{AB}.$$

PLAN ÉQUIPOTENTIEL

Soient deux points A et A' situés dans un même plan parallèle aux deux plaques, et donc perpendiculaire aux lignes de champ.
On pose alors :

> $$V_A - V_{A'} = \vec{E} \cdot \overrightarrow{AA'} = 0,$$
>
> soit
>
> $$V_A = V_{A'}.$$

La différence de potentiel entre deux points situés à la même distance des plaques est nulle ; tous les points situés dans un plan perpendiculaire aux lignes de champ sont au même potentiel : un tel plan se nomme plan équipotentiel.

DIFFÉRENCE DE POTENTIEL ET TENSION

Une étude expérimentale réalisée avec une cuve rhéographique montre que la tension U_{AB} mesurée avec un voltmètre entre deux plans équipotentiels d'un champ uniforme se trouve être proportionnelle à la distance l qui les sépare :

$$\frac{U_{AB}}{l} = \text{Cte.}$$

Ainsi, si U est la tension que maintient une source haute tension entre deux plaques distantes de d, on pose :

$$E = \frac{V_P - V_N}{d} = \frac{U}{d}.$$

ENERGIE POTENTIELLE ÉLECTROSTATIQUE

Quand une charge passe d'un point A à un point B, le travail de la force électrostatique qui lui est appliquée est égal au produit de la valeur q de la charge par la différence de potentiel qui existe entre les deux points :

$$W_{A \to B} = q \cdot (V_A - V_B).$$

Quel que soit le signe de q, cette expression du travail d'une force électrostatique demeure valable. Il est également possible de montrer qu'elle s'applique dans le cas précis où le champ n'est plus uniforme.

Appliquons le théorème

de l'énergie cinétique à une particule de charge q et de masse m placée dans un champ. On pose, en laissant de côté le poids de la particule par rapport à la force électrostatique :

$$\frac{1}{2} m \cdot v_B^2 - \frac{1}{2} m \cdot v_A^2 = W_{A \to B} = q \cdot (V_A - V_B)$$

que nous écrirons :

$$\mathcal{E}_{C_B} + q \cdot V_B = \mathcal{E}_{C_A} + q \cdot V_A.$$

Nous pouvons maintenant définir l'énergie potentielle électrostatique (ou électrique) d'une charge q placée en un point M par :

$$\mathcal{E}_{P_M} = q \cdot V_M,$$

où V_M est le potentiel du point M par rapport à un point dont l'état électrique est pris comme référence.

L'énergie potentielle électrique, comme l'énergie potentielle de pesanteur, se mesure en joules (J), la charge est mesurée en coulombs (C) et le potentiel en volts (V). De la même manière que l'énergie potentielle de pesanteur, l'énergie potentielle électrique est en réalité définie à une constante additive près. Cette constante est dépendante de la valeur conférée au potentiel de référence. En fait, cela n'a pas grande importance, car seules les variations d'énergie potentielle ont un intérêt physique.

Quand une charge passe d'un point A à un point B, le travail de la force électrostatique qui lui est appliquée est égal à l'opposé de la variation de son énergie potentielle :

$$W_{A \to B} = - \mathcal{E}_{P_B} - \mathcal{E}_{P_A}.$$

Ce résultat est toujours valable, que le champ soit uniforme ou pas.

SYSTÈMES NON CONSERVATIFS

Si nous nous trouvons à l'échelle microscopique, point n'est besoin de parler de forces de frottement "dissipatives" qui engendreraient une diminution de l'énergie totale d'une particule électrisée (électron, proton...). Ce n'est qu'un choc sur une autre particule élémentaire qui peut transformer cette énergie. (C'est pourquoi l'on fait le vide dans les enceintes où se propagent des faisceaux de particules électrisées.)

A l'échelle macroscopique, le problème est différent. Une goutte d'huile chargée, se trouvant dans l'air au sein d'un champ électrostatique et du champ gravitationnel, sera soumise à une force d'origine électrostatique et à son poids (ces deux forces sont conservatives), mais également à des forces dissipatives exercées par l'air. L'énergie - mécanique + électrostatique - de la goutte d'huile ne se conserve pas .

L'électronvolt

Un électronvolt est l'énergie qu'acquiert une particule comportant une charge élémentaire accélérée sous une différence de potentiel de un volt.

Si l'on décide de choisir comme unité de charge la charge élémentaire $e = 1,6 . 10^{-19}$ C et comme unité de d. d. p. le volt, le travail se mesure en **électronvolt** (symbole : **eV**).

Un travail de quelques dizaines d'électronvolts est nécessaire pour arracher un électron à un atome neutre. En revanche, si l'on doit casser le noyau d'un atome, il faut disposer d'importantes énergies, de l'ordre du mégaélectronvolt

(1 MeV = 10^6 eV).

Dans les grands accélérateurs de particules, des énergies de plusieurs gigaélectronvolts alimentent les particules.

RÉCEPTEURS - BILAN ÉNERGÉTIQUE

Nombreuses sont les expériences qui le prouvent : le passage du courant électrique dans un composant quelconque engendre un échauffement de ce dernier.
Ce phénomène, appelé *effet Joule,* est utilisé dans les appareils chauffants, comme les radiateurs et les plaques chauffantes. Cependant, il représente le plus souvent de l'énergie dépensée en pure perte. Aussi, pour que l'échauffement ne soit pas trop important, certains composants électroniques sont assujettis sur des dissipateurs thermiques : prenons la carcasse d'un transistor de puissance et fixons-le sur un radiateur à ailettes. La chaleur dégagée pendant le fonctionnement s'évacue ainsi facilement par convection avec l'air environnant. Sans la présence de ce radiateur, le transistor serait rapidement détruit. Ces dissipateurs sont souvent peints en noir, ce qui favorise la perte d'énergie par rayonnement. Ils sont enfin faits d'un matériau bon conducteur de la chaleur, l'aluminium le plus souvent.

Interprétons l'effet Joule à l'échelle microscopique. Le courant électrique constitue un mouvement d'ensemble, ordonné d'électrons libres. Ils frappent les atomes, les ions ou les molécules qui constituent la substance conductrice et leur communiquent ainsi de l'énergie. L'énergie cinétique d'agitation thermique du conducteur augmente. A notre échelle, cela se traduit alors par une augmentation de sa température.

LA LOI DE JOULE

Dans un conducteur ohmique, toute la puissance électrique reçue, $\mathcal{P}_e$, est transformée en chaleur. La puissance ainsi transformée se nomme **puissance Joule** et est écrite $\mathcal{P}_J$.

Quand la puissance électrique provenant du conducteur est égale à la puissance transmise au milieu extérieur par conduction, convexion ou rayonnement, la température se stabilise. Le conducteur se trouve alors dans un *état stationnaire ;* sa résistance reste constante et il agit comme une source de chaleur de température constante.

La puissance, appelée puissance joule, $\mathcal{P}_J$, évacuée sous forme de chaleur à l'extérieur d'un conducteur ohmique parcouru par un courant et marchant en régime stationnaire est égale à la puissance électrique reçue :

$$\mathcal{P}_e = \mathcal{P}_J = R \cdot I^2.$$

ELECTROLYSEUR

Un électrolyseur est un récepteur électrochimique. Sa finalité est de convertir de l'énergie électrique en "énergie chimique". C'est ainsi que l'électrolyse de l'eau acidulée mène à la transformation de l'eau en dioxygène et dihydrogène, suivant la réaction :

$$H_2O \rightarrow H_2 + \frac{1}{2}O_2.$$

Pour se produire, cette réaction devrait avoir un apport d'énergie ; il faudrait noter :

H_2O + énergie électrique → $H_2 + \frac{1}{2}O_2$.

De plus, un mélange de dihydrogène et de dioxygène peut, inversement, libérer de l'énergie en se transformant en eau :

$H_2 + \frac{1}{2}O_2$ → H_2O + énergie.

En parlant d'une manière imagée, on peut dire que ce mélange comporte de l'"énergie chimique".

Rappelons que la puissance reçue par un récepteur est représentée par la puissance Joule, avec dégagement de chaleur dans l'électrolyseur, et la puissance utile.

GÉNÉRATEURS - BILAN ÉNERGÉTIQUE

Pour un grand nombre de générateurs, la tension délivrée peut se mettre sous la forme :

$U_{PN} = e - r \, . \, I$,
où e est la force électromotrice, qui ne peut pas être constante mais dépendre de I.

La puissance que produit le générateur est égale à $e \, . \, I$; ce qui correspond à une transformation d'énergie. Ainsi une dynamo réalise une transformation d'énergie mécanique en énergie électrique.

Dans n'importe quel circuit électrique, la somme des puissances produites par les générateurs doit être égale à la somme de la puissance Joule dissipée dans les générateurs et des puissances que reçoivent les dipôles récepteurs. Ce qui correspond simplement au principe de la conservation de l'énergie.

Chaque fois que l'on se sert dans un dispositif électronique de composants ayant besoin de leur propre alimentation, comme les transistors ou les portes logiques, c'est cette alimentation qui produit l'énergie nécessaire au fonctionnement du dispositif.

La puissance électrique fournie par le générateur aux électrons est liée à la puissance Joule et à celle du générateur.

CONDENSATEURS

Un condensateur est un élément d'un circuit électrique ou électronique qui permet d'emmagasiner de l'électricité, puis de la libérer.

Le système est constitué par l'ensemble de deux conducteurs, appelés *armatures*, séparés par un milieu isolant dénommé diélectrique, qui peut être le vide.

Si l'on applique entre ces deux armatures une différence de potentiel V, la charge (ou la quantité d'électricité) Q qui apparaît sur chaque armature est proportionnelle à V. Nous avons alors : Q = CV.

Le coefficient de proportionnalité C, caractéristique du système considéré, est appelé sa capacité, et le système ainsi constitué est un condensateur. Si la différence de potentiel entre les armatures se trouve être fonction du temps (courant alternatif), la charge prise par les armatures est également fonction du temps. En dérivant par rapport au temps *t* la relation ci-dessus, on obtient :

$$d\,Q / dt = C\ d\,V / dt,$$

d'où l'expression du courant I :

$$I = C\,d\,V / dt.$$

Si l'on suppose qu'une certaine fonction puisse être représentée par une différence de potentiel, on peut obtenir sa dérivée à l'aide d'un condensateur.

> Si la tension est périodique, de la forme : V sin 2 π *ft*, *f* étant la fréquence, le courant prend la forme :
>
> $I = C \cdot 2\pi f \cdot V \cos 2\pi ft$,
>
> ce qui s'écrit, en posant $2\pi f = \omega$ (pulsation) :
>
> $I = C \cdot j\omega V$.

Dans le système international, l'unité de capacité est le **farad** (symbole : **F**). Il s'agit de la capacité d'un condensateur qui, soumis à une différence de potentiel de un volt entre ses armatures, accumulerait une charge électrique de un coulomb. Comme cette unité est très grande, on utilise très souvent un de ses sous-multiples : le microfarad (10^{-6} F) ou, le plus souvent, dans les circuits électroniques, le picofarad (10^{-12} F).

Capacité d'un condensateur

La capacité d'un condensateur est d'autant plus grande que les surfaces des deux armatures sont plus grandes et leur écartement plus faible. Elle dépend aussi de la constante diélectrique de l'isolant qui les sépare.
La charge portée par l'une des armatures *A* d'un condensateur est égale au produit de la capacité de ce condensateur par le truchement de la tension appliquée entre l'armature *A* et l'autre armature *B* :

$$q_A = C \cdot u_{AB}.$$

Capacité d'un condensateur plan

C'est en fonction de la forme d'un condensateur

plan que l'on peut appréhender expérimentalement la variation de sa capacité. Celle-ci est proportionnelle à la surface *S* commune aux armatures en regard et inversement proportionnelle à la distance *d* qui les sépare :

$$C = \varepsilon . \frac{S}{d} .$$

ε est un coefficient de proportionnalité appelé *permittivité* du diélectrique. Comme on la remarqué, l'effet de condensation des charges est d'autant plus important que les armatures sont plus proches l'une de l'autre.
Pour le vide, ε est noté ε_0 : c'est la permittivité du vide. Dans le système international d'unités, où C s'exprime en farads, *S* en mètres carrés et *d* en mètres, on a :

$$\varepsilon_0 = \frac{1}{36\pi . 10^9} \approx 8{,}84 . 10^{-12} \text{ F . m}^{-1}.$$

Un diélectrique introduit entre les armatures augmente la capacité d'un condensateur.

Tension maximale et angle de perte

La tension maximale d'utilisation, consécutive à la nature et à l'épaisseur du diélectrique qui sépare les deux armatures, définit la limite au-delà de laquelle une étincelle jaillit à travers le diélectrique, ce qui peut mettre le condensateur hors d'usage.
Une lame d'air supporte une tension de 32 000 V par centimètre d'épaisseur et le mica environ 700 000 V. De cette valeur va dépendre la limite supérieure de l'énergie

$$W = CV^2/2$$

que l'on peut emmagasiner dans le condensateur. Un condensateur parfait produirait, en se déchargeant, la totalité de l'énergie accumulée durant sa charge. En réalité, le diélectrique utilisé ne constitue jamais un parfait isolant. De la sorte, il se comporte aussi comme une résistance entre les armatures et il dissipe de l'énergie sous forme de chaleur. La qualité d'un con-densateur dépend donc du déphasage entre le courant vrai et le courant du condensateur parfait qui se trouverait en quadrature avec la tension. La tangente de cet angle de perte varie entre 0,01 pour de gros condensateurs à basse tension et environ 0,0001 pour d'excellents condensateurs à quartz ou à alumine.

On peut également classer les condensateurs suivant qu'ils sont fixes ou variables et selon leur mode de fabrication.

Technologie des condensateurs

Le premier type de condensateur connu est la bouteille de Leyde, expérimentée en 1746. Il était constitué d'un récipient de verre recouvert partiellement à l'extérieur d'une feuille d'étain (armature externe). L'intérieur était rempli de feuilles de clinquant (armature interne) où plongeait une tige métallique traversant le bouchon isolant du récipient.

Les condensateurs actuels comportent des condensateurs *fixes.* Parmi ceux-ci, les condensateurs *électrolytiques,* ou *chimiques,* dans lesquels deux feuilles de métaux différents (aluminium et tantale, par exemple) séparées par une feuille de papier imprégné d'une solution d'électrolyte, sont enroulées très serrées sur elles-mêmes. Les capacités de ces condensateurs sont très importantes (1 000 μ F environ et plus). Toutefois, leurs angles de perte sont grands, et ils ne supportent que des tensions redressées ; celles-ci ne dépassent pas quelques centaines de volts.

Les condensateurs *à céramique,* très utilisés en haute fréquence, sont composés d'un film de matériau céramique sur les deux faces duquel sont déposées, par évaporation, des couches métalliques extrêmement minces. Leurs angles de perte sont peu importants, leurs capacités assez faibles, mais ils peuvent marcher sous des tensions de plusieurs milliers de volts.

Les condensateurs *à papier* sont élaborés à partir du même principe que les condensateurs à céramique, mais c'est du papier qui constitue le diélectrique. L'angle de perte est plus important, la capacité plus faible et la tension intermédiaire entre les deux types précédents. Ils sont utilisés dans les circuits à basse fréquence.

Les condensateurs *variables,* ou *ajustables,* sont constitués d'armatures mobiles, séparées par des lames diélectriques formées d'une couche d'air, de mica, de quartz ou de tout isolant à faible perte.

ENERGIE ÉLECTRIQUE, PRODUCTION ET UTILISATION

L'électricité est une forme d'énergie produite de façon industrielle par des générateurs à partir d'autres sortes d'énergie (énergie provenant des transformations chimiques ou nucléaires, énergie thermique, énergie mécanique, énergie de rayonnement...).

La production, le transport et la distribution de l'énergie électrique sont réalisés par un *réseau,* ensemble complexe de sources d'énergie, les *centrales,* et de *lignes.* Cette structure s'est peu à peu développée, pour aboutir au rôle si important que l'électricité joue dans notre civilisation.

Dans les centrales électriques s'effectue la transformation d'une source d'énergie "primaire" en énergie électrique. On nomme primaires les sources d'énergie naturelles telles que le charbon, le gaz naturel, le pétrole, les chutes d'eau, la marée, le vent, l'uranium. Aussi, généralement, le mot "centrale" est-il suivi d'un qualificatif qui est là pour signaler la nature de la source d'énergie primaire utilisée :

- centrale thermique (charbon, pétrole, gaz naturel) ;
- centrale hydraulique (chute d'eau) ;
- centrale marémotrice (marée) ;
- centrale nucléaire (uranium).

COURANT ALTERNATIF

L'intensité et la différence de potentiel correspondant à un courant alternatif sont variables en grandeur et en signe (donc en sens pour l'intensité) au cours du temps. Si elles se reproduisent identiques à elles-mêmes toutes les T secondes, le courant électrique est périodique et de période T.

> Le phénomène est aussi caractérisé par sa fréquence N, inverse de la période :
>
> $$N = \frac{1}{T};$$
>
> une fréquence se mesure en hertz (Hz), une période en secondes (s).

En courant alternatif, les appareils de mesure indiquent une valeur *efficace* de la grandeur mesurée. On note alors que la puissance moyenne consommée par un dipôle est :

$$\mathcal{P} = \mathbf{U} \cdot \mathbf{I} \cdot \cos \phi,$$

où U et I constituent les valeurs efficaces de la tension et de l'intensité mesu-

rées par le voltmètre et l'ampèremètre, ceux-ci étant branchés comme l'indique la figure ci-dessous. Le cos ϕ est un facteur compris entre zéro et un, dépendant de la nature du dipôle.
Dans cette expression, on appelle *puissance apparente* le produit U . I. Le cos ϕ est nommé *facteur de puissance.*

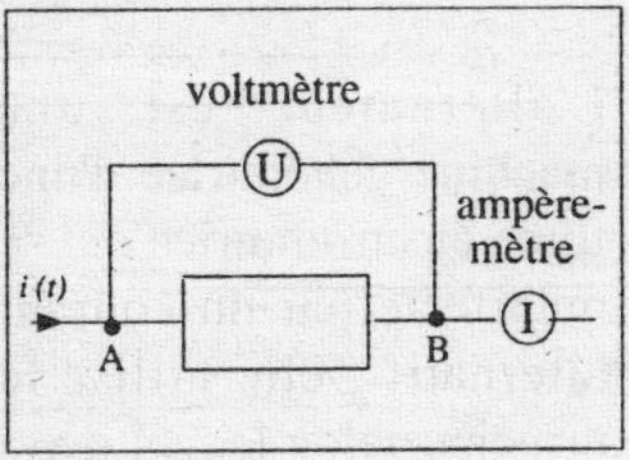

Dans l'industrie, les puissances électriques s'expriment le plus souvent à l'aide des multiples du watt :

-le kilowatt, 1kW = 10^3 W ;
-le mégawatt, 1MG = 10^6 W;
-le gigawatt, 1 GW = 10^9 W ,
-le térawatt, 1 TW = 10^{12} W.

Les énergies électriques se mesurent en watts-heure et ses multiples.

Produire une tension alternative

Prenons une bobine, à savoir un enroulement de fil conducteur, et plaçons-la en face d'un aimant. Relions les bornes de la bobine à l'entrée d'un oscillographe : nous pourrons ainsi visualiser toute différence de potentiel apparaissant entre ses bornes. L'aimant est mis en rotation par un moteur.
Dès la mise en mouvement de l'aimant, apparaît une tension alternative sensiblement sinusoïdale aux deux bornes de la bobine. Nous pouvons calculer la fréquence de cette tension grâce à l'étalonnage de l'oscillographe; nous constatons qu'elle est égale au nombre de tours effectués chaque seconde par l'aimant.

En présence d'un aimant

en mouvement de rotation, une bobine se comporte comme un générateur de tension alternative.

Ce phénomène, l'*induction électromagnétique*, est le fondement de la production de toutes les tensions alternatives.

Réalisation pratique

Un alternateur de bicyclette (et non pas une dynamo - qui est un générateur de tension continue) fonctionne à l'aide d'un aimant permanent en acier. Mais la puissance délivrée par de tels systèmes est assez faible : de quelques watts à quelques dizaines de watts.

Si l'on veut disposer d'un générateur de plus grande puissance, il faut avoir recours aux électro-aimants.
Pour réaliser un électro-aimant il suffit de bobiner un fil conducteur autour d'un morceau de fer pur. Le passage du courant dans ce bobinage lui procure un comportement similaire à celui d'un aimant permanent. Une fois cet aimant obtenu, on constate qu'il est plus "puissant" que les aimants permanents et surtout plus souple d'emploi. En effet, il ne se comporte comme aimant que lorsque le courant passe.

L'alternateur est une machine génératrice d'une force électromotrice qui se manifeste par un courant alternatif ; elle utilise le principe selon lequel il y a naissance d'une force électromotrice dans un conducteur qui se déplace dans un champ magnétique ou qui est placé dans un champ électromagnétique variable.

Un alternateur transforme donc l'énergie mécanique en énergie électrique selon les principes de l'électromagnétisme. Un alterna-

teur comprend une partie mobile, le *rotor*, et une partie fixe, le *stator*.
Deux sortes d'alternateurs existent : ceux où la bobine où se produit le courant induit est mobile, le champ magnétique étant fixe, et ceux dans lesquels les électro-aimants qui engendrent le champ magnétique sont mobiles, la bobine étant fixe. Le stator comporte certaines bobines de fil conducteur, dans lequel circule le courant induit, enchâssées dans un anneau de fer en lamelles contenu dans une carcasse. Le rotor comporte une série d'électro-aimants disposés par polarités alternées et fixés sur un arbre de rotation ; ils génèrent le champ magnétique inducteur.

Dans les alternateurs rapides, le rotor de forme cylindrique, sur lequel sont fixées les bobines d'excitation, comporte des rainures longitudinales. Le courant continu, indispensable au fonctionnement des électro-aimants, est fourni par une dynamo fixée sur le même arbre que celui du rotor.
Quand le rotor tourne, on obtient à chaque tour autant d'inversions de polarités qu'il y a d'électro-aimants. A chaque inversion de polarité, dans chaque enroulement du stator se produit une force électromotrice qui passe d'un minimum à un maximum et de nouveau à un minimum, jusqu'à inverser son propre sens au changement de polarité.
Selon le nombre de tours qu'il effectue et d'électro-aimants du rotor, on obtient des courants alternatifs de fréquences proportionnelles. Si le nombre d'enroulements du stator est le même que celui des enroulements du rotor, l'alternateur produit alors du courant monophasé ; si ce nombre est double, le courant est biphasé ; s'il est triple, il est triphasé.

RÉALISATION DES RÉSEAUX D'ÉNERGIE

La construction et l'exploitation des réseaux posent des problèmes de moindre coût, qui se trouvent résolus par une normalisation des matériels poursuivie pour pouvoir jouir de fabrications en série, ainsi que par une planification à court et long terme, par le biais des méthodes de programmation mathématique les plus modernes.
En ce qui concerne les principaux matériels: les lignes aériennes constituent la partie visible des réseaux d'énergie électrique. Elles sont les liaisons indispensables aux transit d'énergie les moins onéreuses. Ce qui coûte le plus cher, c'est souvent l'isolement d'u matériel électrique. L'air réalise un isolement simple si, toutefois, l'on place les conducteurs à une hauteur et à une distance des supports d'autant les plus grandes que la tension de la ligne est plus élevée. Malgré les efforts pour les rendre plus esthétiques, les lignes aériennes causent souvent des préjudices aux sites traversés.

Les centrales électriques

Dans une centrale électrique, une turbine maintient en mouvement le rotor d'un alternateur. L'ensemble turbine-alternateur transforme une énergie liée au mouvement d'un fluide(énergie mécanique) en une énergie liée au déplacement guidé de particules chargées (énergie dite électrique). En cela toutes les centrales sont identiques. Néanmoins, il est possible de les différencier en fonction de la nature et de la provenance du fluide entraînant la turbine.
Ce fluide peut être de la vapeur d'eau fournie

directement ou indirectement en utilisant la chaleur provenant d'une combustion dans les centrales classiques ou la chaleur d'origine nucléaire dans les centrales nucléaires. Ce type de centrales est appelé thermique.
Quand le fluide est de l'eau en mouvement sous l'action de la gravité ou des marées, la centrale est dite hydraulique.

LES CENTRALES HYDRAULIQUES

Utilisant l'énergie des chutes d'eau, les centrales hydrauliques furent les premières usines à produire de façon industrielle de l'énergie électrique au début du XXe siècle.
Les principales caractéristiques de telles centrales et du matériel qui les équipe sont étroitement liées au site où elles sont implantées : hauteur de la chute, volume des précipitations annuelles, existence (ou absence) d'un réservoir en amont et capacité utile de ce réservoir.
Le type de turbine choisi dépend avant tout de la hauteur de la chute : turbines équipées d'hélice pour les très basses chutes, turbines Francis pour les moyennes, turbines Pelton pour les très hautes.
Quand aucune possibilité appréciable de stockage n'existe à l'amont de la centrale, celle-ci est dite au fil de l'eau. Ces centrales astreignent l'eau à passer par leurs turbines, mais ne peuvent intervenir sur son débit ; elles voient donc leur puissance changer au gré du fleuve. La hauteur de la chute étant dans ce cas relativement faible, le fleuve doit donc, pour être utilisable, avoir un fort débit.

LES CENTRALES MARÉMOTRICES

Ce sont des centrales hydrauliques, alimentées en eau de mer, qui exploitent la dénivellation créée par les marées. Elles sont donc soumises à des débits très variables. En pratique, elles ne peuvent fonctionner que quelques heures par jour, durant le flux et le reflux. L'implantation de telles centrales ne peut donc être envisagée que sur un site jouissant de marées de forte amplitude et permettant la création d'une retenue dans de bonnes conditions.

Le principe est le suivant : un estuaire, ou une baie, est fermé par un barrage équipé de vannes. Celles-ci sont ouvertes à marée montante et refermées lorsque l'eau a atteint sa cote maximale. La marée descendante crée une dénivellation et celle-ci croît entre le plan d'eau de retenue et le large; quand cette dénivellation est assez importante, l'eau de la retenue est conduite vers des turbines, d'où elle retourne à la mer.

LES CENTRALES THERMIQUES

Dans les centrales thermiques, l'énergie mécanique nécessaire à l'entraînement des alternateurs est produite par la vapeur d'eau surchauffée, détenue dans les turbines. L'évapora- tion et la surchauffe de l'eau s'effectuent dans des chaudières par le truchement de l'énergie calorifique qui lui est communiquée par la combustion de charbon, de lignite ou de gaz naturel suivant les cas.

Les lois de la thermodynamique nous indiquent l'impossibilité fondamentale d'une transformation intégrale de la chaleur en énergie mécanique. Si une source de chaleur (ici la chaudière) à la température T_1 (exprimée en kelvins), fournit Q joules au fluide actionnant la turbine, une partie Q' de cette chaleur doit forcément être rejetée vers le milieu extérieur à la température $T_1 < T_2$ (exprimée aussi en kelvins) : c'est le rejet thermique. La turbine ne transformera en énergie mécanique que la différence :

$$W = Q - Q'.$$

Le rapport entre l'énergie que reçoit l'arbre moteur et la quantité de chaleur Q fournie par la chaudière est le rendement thermique du moteur. On a démontré que, quelles que soient les qualités du moteur, son rendement R ne peut jamais dépasser la valeur :

$$R_{max} = 1 - \frac{T_2}{T_1}.$$

On a donc avantage à admettre dans la turbine un fluide à la température la plus élevée possible et de le restituer à la température la plus basse possible.
Un moteur thermique ne peut marcher qu'en rejetant inéluctablement une partie de la chaleur reçue.

Actuellement, on a choisi la solution suivante : à la sortie des échangeurs thermiques de la "chaudière", la vapeur est détendue une première fois dans le secteur haute pression de la turbine ; elle en ressort à une température encore élevée, mais sous moyenne pression. On la réchauffe alors en partie avant de passer dans le secteur moyenne pression de la turbine. Elle est ensuite admise à basse pression dans le dernier secteur de la turbine. A sa sortie, on l'envoie dans un condenseur, dans lequel la pression est très faible, où elle est refroidie par de l'eau.

Cette eau de refroidissement peut être fournie par un fleuve de débit suffisant où elle est par la suite restituée, mais à une température accrue de quelques degrés. Si la centrale n'a pas assez de ressources en eau, on utilise des réfrigérants à air.

LES CENTRALES NUCLÉAIRES

Le principe des centrales nucléaires est le même que celui des centrales thermiques conventionnelles, en ce sens qu'elles sont équipées de chaudières qui alimentent en vapeur des groupes turbo-alternateurs. Toute la différence réside dans la constitution de ces chaudières.
Mais voyons d'abord ce qu'est une réaction nucléaire. C'est une réaction durant laquelle des noyaux atomiques sont modifiés. Ce qui signifie qu'un élément peut être :

- soit transformé en l'un de ses isotopes ;
- soit transformé en un ou plusieurs autres éléments.

Parmi les réactions nucléaires qui dégagent beaucoup d'énergie, nous trouvons les réactions de fusion et de fission nucléaires.
Lors des réactions de fusion, deux noyaux "légers" (possédant peu de protons et de neutrons) se transforment en d'autres noyaux plus "lourds". Ainsi la fusion de deux noyaux de deutérium va créer un noyau d'hélium et un neutron selon la réaction :

$$^{2}_{1}H + ^{2}_{1}H \rightarrow ^{3}_{2}He + n.$$

Le même noyau d'hélium peut aussi provenir de la fusion entre un noyau d'hydrogène et un noyau de deutérium selon le bilan simplifié :

$$^{1}_{1}H + ^{2}_{1}H \rightarrow ^{3}_{2}He.$$

La relation d'Einstein impose que la perte de masse Δm s'accompagne de la production d'énergie telle que :

$$\mathcal{E} = \Delta m \,.\, c^2.$$

Ainsi, les réactions de fusion nucléaire dégagent une énergie considérable. Elles sont à l'origine de l'énergie rayonnée par les étoiles, celle du Soleil en particulier.

Les réactions de fission nucléaire provoquent, par choc avec un neutron *(n)*, la rupture d'un noyau lourd et la formation d'atomes plus légers. Ici, également, la réaction libère une grande quantité d'énergie. Parmi les nombreux modes de fission de l'uranium, citons la réaction :

$$^{235}_{92}\mathrm{H} + n \rightarrow {}^{139}_{54}\mathrm{Xe} + {}^{95}_{38}\mathrm{Sr} + 2n.$$

La réaction de fission d'un noyau d'uranium 235 ne peut se faire que si le noyau réactif capte un neutron. Pour pouvoir être facilement captés, les neutrons doivent posséder une faible énergie cinétique, donc une vitesse modeste. Le bombardement d'un noyau d'uranium 235 par un neutron lent (dit thermique) peut engendrer ainsi sa fission, réaction qui, à son tour, libère des neutrons qui, à leur tour, provoquent des fissions, etc. La fission d'un noyau d'uranium 235 fournit en moyenne 2,5 neutrons. Ceux-ci sont libérés à une trop grande vitesse pour pouvoir produire de nouvelles fissions. Ils sont alors ralentis grâce à des chocs entre eux et des noyaux légers tels que carbone et hydrogène : ce sont des *modérateurs*. A cette fin, on utilise le graphite, l'eau lourde ou l'eau ordinaire.

Mais tous les neutrons ne sont pas captés par l'uranium 235. Quand le nombre des neutrons captés est constant, on dit que le réacteur est en régime stationnaire (dit critique). Quand ce nombre augmente, le réacteur diverge; dans le cas contraire, il ralentit.

Il faut remarquer que dans les centrales dites surrégénératrices, le combustible utilisé est un mélange d'uranium 238 et de plutonium 239. Les neutrons issus de la fission des noyaux de plutonium 239 ne sont pas ralentis et peuvent être partiellement captés par l'uranium 238. Celui-ci, alors, se transforme en plutonium 239. Le réacteur produit donc ainsi du combustible.

L'ensemble de ces réactions nucléaires fournit une énorme quantité d'énergie transférée sous forme de chaleur par un fluide *caloporteur* (véhicule de la chaleur). Ainsi, une réaction nucléaire est une énorme chaudière. Quant aux centrales, elles peuvent être classées selon la nature du modérateur et du fluide caloporteur qu'elles utilisent.

- **Les centrales graphite-gaz,** où le modérateur est le graphite et le fluide caloporteur le dioxyde de carbone. Ce fluide transfère la chaleur dans des échangeurs thermiques à de l'eau qui y est vaporisée. Ces centrales emploient l'uranium naturel.

- **Les centrales à eau pressurisée,** où le modérateur est de l'eau ordinare qui est aussi le circuit primaire de refroidissement. L'eau est maintenue à l'état liquide grâce à une très haute pression. Puis elle transfère la chaleur dans les échangeurs où l'eau du circuit secondaire est vaporisée. Ces centrales utilisent de l'uranium légèrement enrichi.

- **Les centrales surrégénératrices** n'ont pas de modérateur. Le fluide caloporteur primaire est du sodium liquide à 560 °C. Il transfère la chaleur dans un circuit secondaire, puis dans un circuit tertiaire.

ENERGIE NUCLÉAIRE

LE NOYAU

Au début du XXe siècle, Rutherford fit des investigations sur le cœur de l'atome en bombardant une feuille d'or de quelques microns d'épaisseur avec des particules α. Ces particules ont une charge positive et une masse très supérieure à celle des électrons. On peut facilement les détecter par les scintillations qu'elles provoquent sur un écran adéquat. En étudiant les trajectoires de quelques particules déviées, il conclut à l'existence des noyaux, agrégats de matière très dense et chargés positivement. En 1931, Chadwick découvrit le neutron, grâce auquel il fut en mesure de donner une description du noyau.

Le noyau est constitué de nucléons. Ceux-ci se manifestent sous deux états possibles : le proton et le neutron.

> Le proton porte la charge élémentaire positive q_p :
> $q_p = +1{,}602189 \,.\, 10^{-19}$ C;
>
> sa masse est :
> $m_p = 1{,}67265 \,.\, 10^{-27}$ kg.
>
> Le neutron, de charge nulle, a la masse :
> $m_n = 1{,}67498 \,.\, 10^{-27}$ kg.

Un noyau, ou nucléide, est caractérisé par son nombre de protons : Z, encore appelé *numéro atomique,* et par son nombre de nucléons : A, aussi appelé *nombre de masse.* Le nombre de neutrons est naturellement :

$$N = A - Z.$$

En outre, tous les nucléides de même numéro atomique (Z) sont symbolisés par une lettre majuscule et, si des confusions s'avèrent possibles, par une seconde lettre minuscule qui leur est propre. Ainsi, Z = 1 définit un noyau d'hydrogène de symbole H, mais Z = 2 un noyau d'hélium de symbole He, Z = 80 un noyau de mercure de symbole Hg, etc.

Donc, pour représenter un noyau, on porte en bas à gauche de son symbole (X) le nombre Z, et en haut à gauche, le nombre A. Ainsi :

> ${}^{4}_{2}He$ représente un noyau d'hélium (ou particule α) comportant 2 protons et 4 - 2 = 2 neutrons.
>
> ${}^{16}_{8}O$ définit un noyau d'oxygène disposant de 8 protons et de 8 neutrons.

Les nombres de protons et de neutrons ne sont jamais très différents, ainsi que le montrent ces exemples. Pour les valeurs de A faibles, on compte à peine plus de 1 neutron pour 1 proton. Plus A augmente, plus les neutrons sont majoritaires. Tous les noyaux au Z semblable appartiennent au même élément chimique.

Isotopie

Deux noyaux sont isotopes l'un et l'autre lorsqu'ils représentent le même élément. Ils ne diffèrent donc que par leur nombre de neutrons ; ils ont le même numéro atomique Z.
On connaît 300 nucléides stables pour une centaine d'éléments. Les proportions des différents isotopes stables pour un élément donné ne dépendent pas énormément de la provenance géographique.

> L'hydrogène présente deux isotopes stables :
> - ${}^{1}_{1}H$ (99,985 %), dit protium (le noyau se réduit à 1 proton);
> - ${}^{2}_{1}H$ (0,015 %), dit deutérium ;
>
> et un instable :
> - ${}^{3}_{1}H$ présent à l'état de traces : le tritium.

Du fait que deux noyaux isotopes font partie du même élément, on ne peut les séparer par un processus purement chimique. Mais toutes les méthodes qui font intervenir la masse des noyaux sont utilisables.

A notre échelle, la masse d'un nucléide est extrêmement faible ; aussi, en physique nucléaire, utilise-t-on une unité de masse adaptée : l'*unité de masse atomique.*

Celle-ci, u, est par définition le douzième de la masse d'un atome de carbone 12, à savoir disposant de 12 nucléons ; on a ainsi :

$$1\ u = \frac{12 . 10^{-3}}{12\ \mathcal{N}} = 1{,}66055 . 10^{-27}\ kg$$

($\mathcal{N}$ est le nombre d'Avogadro).

Dans cette unité, la masse du neutron est :

$$m_n = 1{,}008665\ u$$

et celle du proton :

$$m_p = 1{,}007276\ u.$$

La masse de l'électron :

$$m_e = 0{,}0005486\ u$$

a même ordre de grandeur que

$$m_n - m_p \left(= \frac{1}{1836} m_p\right).$$

La masse d'un noyau est très petite ; toutefois, comme son volume est faible, sa masse volumique est extrêmement élevée.

En unités de masse atomique, la masse d'un noyau est mesurée par un nombre proche de A ; aussi ce nombre est-il souvent appelé nombre de masse.

Au sein des noyaux, les protons se trouvent donc réunis dans un très petit espace. La cohésion du noyau est alors une manifestation de l'interaction forte. Cette interaction s'applique à l'ensemble des nucléons ; elle est attractive et dispose d'un très petit rayon d'action qui se trouve être de l'ordre de $2 . 10^{-15}$ m.

Les réactions nucléaires spontanées

La radioactivité est l'ensemble des transformations spontanées des nucléides instables.

C'est Henri Becquerel qui, le premier, mit en évidence la radioactivité naturelle. En 1896, il remarqua que l'uranium émettait un "rayonnement" qui impressionnait les plaques photographiques. Alors que cette méthode de détection est toujours utilisée, d'autres ont été mises au point. Par exemple, le compteur Geiger-Müller.

Ce dispositif sert à dénombrer un flux de particules chargées. Un tube métallique a pour axe un fil porté à une tension positive de l'ordre de 1 000V. Quand le tube est traversé par une particule chargée rapide, quelques molécules de gaz sous faible pression qu'il contient s'ionisent. Le bref courant qui en résulte produit une impulsion qui est envoyée sur un système électronique numérateur.

LES MODES DE DÉSINTÉGRATION RADIOACTIVE

- **Emission α.**

Dans cette émission, un noyau éjecte une particule α, c'est-à-dire un noyau d'hélium. Le nucléide obtenu est plus stable que celui de départ ; l'énergie de liaison par nucléon est donc plus importante au sein du produit formé que dans le produit initial. Prenons l'exemple du radium 226 : c'est un émetteur α de période 1 620 ans. La désintégration donne le radon 222. Le bilan s'écrit:

$$^{226}_{88}Ra \rightarrow ^{222}_{86}Rn + ^{4}_{2}He.$$

Nous pouvons tirer de cet exemple les lois générales s'appliquant aux réactions nucléaires. En effet :

- la charge totale se conserve. Ici, 88 charges élémentaires, groupées au départ se retrouvent en deux groupes, de 86 et de 2, respectivement dans Rn et He ;

- le nombre des électrons demeure le même. Ici, le noyau initial en compte 226 et les noyaux finals 222 + 4.

Le noyau fils fait partie de l'élément situé deux cases en amont dans la classification périodique, car il a perdu deux protons. Cette réaction nucléaire se nomme *transmutation.*
Par ailleurs, nous admettrons la conservation de l'énergie totale du système.

On est en mesure de traduire la conservation de l'énergie de cette façon : on constate que la masse totale du système a diminué ; et la différence de masse se retrouve sous forme d'énergie : énergie cinétique de la particule α émise, énergie cinétique du noyau, lequel résulte de la désintégration, enfin énergie sous forme de rayonnement γ de désexcitation. Le noyau peut en effet se présenter dans un état excité. Pour retrouver l'état d'énergie la plus basse (c'est l'état fondamental), il peut émettre un rayonnement électromagnétique qui emporte l'excès d'énergie. Cette désexcitation intervient très rapidement après la transformation radioactive.

L'émission α se traduit par le bilan :

$${}^{A}_{Z}X \rightarrow {}^{A-4}_{Z-2}Y + {}^{4}_{2}He.$$

Dans la mesure où l'on connaît le nucléide initial, il suffit de retrancher 2 protons et 2 neutrons à ce dernier pour déterminer le noyau formé.

- **Emission** β^-
Le noyau éjecte un électron. Le noyau final est plus stable que le noyau de départ. Le carbone 14

est un émetteur de cette émission; sa période est 5 568 ans.

L'émission β^- se traduit par le bilan :

$${}^{A}_{Z}X \rightarrow {}^{A}_{Z+1}Y + e^-.$$

Le nombre de protons augmente d'une unité aux dépens de celui des neutrons.

Cette émission se rencontre aussi bien chez les nucléides naturels que chez ceux obtenus dans les réacteurs nucléaires.

- **Emission** β^+

On ne rencontre cette émission que chez les nucléides artificiels. Sa caractéristique est l'éjection d'une particule ayant la charge du proton et la masse de l'électron. On la nomme positron. Son symbole est e^+.

L'émission β^+ se traduit par le bilan :

$${}^{74}_{33}As \rightarrow {}^{74}_{32}Ge + e^+.$$

Généralisation :

$${}^{A}_{Z}X \rightarrow {}^{A}_{Z-1}X + e^+.$$

Le nombre de protons diminue d'une unité. C'est le rééquilibrage du noyau au profit des neutrons.

ANTIPARTICULE

Pour le physicien, le positron est l'antiparticule de l'électron.

Le catalogue des particules met en évidence l'existence de particules dont certaines caractéristiques sont identiques : celles qui sont représentées par des nombres arithmétiques. D'autres caractéristiques représentées par des nombres algébriques sont de signes contraires.

La grande ressemblance entre les particules faisant

partie d'une paire identique a amené les physiciens à leur donner le même nom générique - neutron, neutrino -, mais à donner à l'une des particules le qualificatif d'antiparticule ; ainsi, à la paire de neutrons correspond la particule, le neutron, et l'antiparticule, l'antineutron.

Il faut remarquer que les particules dont toutes les "charges" sont nulles ne peuvent avoir d'antiparticules ; le photon correspond à ce cas. Il en va de même pour tous les autres mésons neutres.

Particule et antiparticule ont la même masse, mais des charges opposées.

DÉTECTION

Toutes les émissions sont détectables à l'aide soit de films photographiques, soit d'un compteur à scintillations ou d'un compteur Geiger-Müller.

Les chambres à bulles permettent de visualiser la trajectoire de toute particule électriquement chargée, de telle façon qu'on puisse la photographier et en garder une image fidèle se prêtant aux différentes mesures que les physiciens veulent effectuer.

Ce qui présente d'ailleurs le plus d'intérêt n'est pas tant la visualisation de la trajectoire d'une particule, que celle d'un "événement", du phénomène qui se produit lorsqu'une particule entre en collision avec un noyau d'atome, en engendrant plusieurs particules nouvelles.

Dans la chambre à bulles, le milieu sensible est un liquide que l'on maintient à une pression un peu supérieure à celle qui, à la température choisie, permettrait l'ébullition du liquide.

Quelques millièmes de secondes avant que les particules provenant d'un accélérateur soient envoyées dans le liquide, un abaissement brutal de la pression est provoqué en déplaçant très rapidement le piston qui ferme la chambre. Cela pour amener le liquide dans les conditions où, normalement, il doit se mettre à bouillir.

Le passage des particules chargées qui arrivent dans le liquide ainsi décomprimé crée des germes, et la formation de bulles commence le long de leurs trajectoires. Très peu de temps après le passage de ces particules, alors que le diamètre des bulles n'est encore que de dizaines ou centaines de microns selon le cas, le liquide est éclairé par un flash et on prend une photographie des bulles qui balisent la trajectoire des particules.

Il existe plusieurs types de chambres à bulles. Celles qui utilisent l'hydrogène liquide et celles qui portent le nom de "chambres à liquide lourd". En dehors de ces deux groupes essentiels existent encore des chambres à hélium liquide.

CHALEUR ET TEMPÉRATURE

COMPRESSIBILITÉ DES GAZ

L'état gazeux est un état où la matière est fortement compressible. En effet, on constate que le volume occupé par une certaine masse de gaz est *a priori* indéterminé ; il dépend seulement des dimensions du récipient dans lequel le gaz est enfermé. Enfin cet état ne permet pas la conduction de l'électricité. Soumis à un champ électrique faible, un gaz pur est un isolant parfait.

La pression d'un gaz dépend de la quantité de gaz considérée (masse ou alors nombre de moles), de son volume et de sa température.
C'est pourquoi lorsqu'on parle, par exemple, du volume d'une quantité de gaz, il est toujours nécessaire de préciser la pression et la température.

L'unité de pression d'un gaz est le **pascal** (symbole: **Pa**). Mais on utilise souvent des multiples :

- l'hectopascal (hPa), qui vaut 10^2 Pa, utilisé en météorologie ;
- le bar, qui vaut 10^5 Pa.

Une pression de 1 bar est dite standard ; elle ne présente pas beaucoup de différence avec la valeur moyenne de la pression atmosphérique au niveau de la mer, dite pression normale, qui vaut 1 013 hPa (cette valeur est couramment appelée une "atmosphère").

APPAREILS DE MESURE

La pression joue un rôle important en tant que variable dans de nombreux phénomènes liés aux gaz et aux liquides. Ainsi, dans des disciplines aussi variées que la thermodynamique, l'aérodynamique, l'acoustique, la mécanique des fluides, la biophysique. Mais comment doit-on procéder pour mesurer une pression? Les forces pressantes agissant sur certains matériaux en modifient les propriétés mécaniques, électriques ou optiques. Si nous nous servons de simples amplificateurs, nous sommes alors en mesure de calculer la pression.

La pression d'un gaz peut se mesurer avec un *manomètre*. Dans les manomètres hydrostatiques, on mesure la hauteur d'une colonne de liquide. Si m est la masse volumique du liquide, pour une colonne de hauteur h, la pression sera alors p = hmg. L'étendue de mesure est limitée par la hauteur admissible pour le tube manométrique.

Les manomètres à déformation élastique se servent de la déformation d'un élément élastique sous l'effet de la pression. La déformation est amplifiée mécaniquement par des leviers ou des engrenages, ou alors optiquement.

Les pressions élevées (au-delà de quelques centaines de bars) sont mesurées par des appareils à poids qui ont une action sur un piston de section connue. Ces balances de pression sont aussi utilisées pour étalonner les manomètres.

La pression peut également être mesurée par des *baromètres*. Ces appareils ne présentent pas de grosses différences, dans leur principe, avec les manomètres. Mais, comme il est question d'une pression absolue, la mesure est réalisée par rapport au vide. On utilise universellement deux types de baromètres.

Le baromètre à mercure comprend un réservoir dans lequel plonge un tube de quelque 90 cm de hauteur, dont la partie supérieure, fermée, est vide d'air. La hauteur de la colonne barométrique se lit sur une règle graduée verticale dont le zéro coïncide avec la surface libre du mercure dans le réservoir. Mais cette lecture doit subir une correction de température (dilatation du mercure et de l'échelle), et éventuellement de latitude (influence de la gravité).

Le baromètre anéroïde est constitué par une capsule déformable vide d'air, laquelle s'aplatit plus ou moins sous l'influence de la pression atmosphérique. La déformation de la capsule est amplifiée par un système de leviers et tranmise soit à une aiguille indicatrice, soit à un système enregistreur (le barographe). Cet instrument est plus solide que le baromètre à mercure; sa précision est cependant moins bonne. Elle atteint 10^{-3}.

Loi de Boyle-Mariotte

Considérons une quantité donnée de gaz, se trouvant à température constante.

La pression P d'un gaz enfermé en un récipient de volume V dépend de ce volume mais aussi de la quantité de gaz (nombre de moles) et de la température.

Mettons une quantité donnée d'air dans un récipient et faisons changer le volume V. Laissons passer un peu de temps afin que l'air reprenne sa température de départ, et mesurons sa pression. Les résultats que nous obtenons dénotent que la pression et le volume sont inversement proportionnels :

$$P = \frac{K}{V}, \text{ soit } P \cdot V = K,$$

où K est une constante. Ce résultat est confirmé par des expériences qui ont été faites avec des gaz de natures différentes et pour de modestes pressions. Il constitue la loi de Boyle-

Mariotte (Boyle, physicien et chimiste irlandais, ainsi que Mariotte, physicien et chimiste français, découvrirent chacun de leur côté la loi qui porte leurs noms).
A température fixée et pour une quantité donnée de gaz, le produit de la pression et du volume de ce gaz est constant.

Si nous conservons toujours la même température et mesurons le volume V et la pression P d'une quantité double de gaz, nous obtiendrons :

$$P \,.\, V = K',$$
avec
$$K' = 2K.$$

Si la quantité de gaz vient à être doublée, la valeur du produit $P \,.\, V$ est donc multipliée par deux. En effet, si, à température donnée, on double la quantité de gaz contenue dans un volume fixé, la pression de ce gaz est doublée. Ce qui est précisé par la loi de Boyle-Mariotte : à la température constante, le produit de la pression P et du volume V d'un gaz est proportionnel à la quantité n de gaz :

$$P \,.\, V = n \,.\, \mathrm{A},$$

où A est une constante qui découle des unités choisies et de la température.

Loi d'Avogadro-Ampère

Lors de pressions peu élevées, la valeur de A n'est pas consécutive à la nature du gaz considéré.

A température et pression fixées, le volume
$$V = \frac{n \,.\mathrm{A}}{P}$$
ne dépend donc pas de la nature du gaz, mais de la quantité n de gaz.

Ce résultat constitue la loi d'Avogadro-Ampère.

Dans les mêmes conditions de température et de

pression, des volumes égaux de gaz différents contiennent le même nombre de moles.

Prenons le cas particulier où le nombre de moles est égal à 1. Le volume qui correspond se nomme le *volume molaire* et est noté V_m. La loi d'Avogadro-Ampère s'écrit de la façon suivante.

Dans des conditions données de température et de pression, le volume molaire V m, volume occupé par une mole de gaz, est indépendant de la nature du gaz.

Avec $n = 1$,
la relation $P \cdot V = n \cdot A$
s'écrit :

$$P \cdot V_m = A.$$

Pour une température de 0°C et sous la pression standard, le volume molaire de tous les gaz vaut :

$$V_m \approx 22{,}7\ \ell.$$

Dans certains cas, on donne aussi, comme volume de référence, le volume molaire à la température de 0° C et cela sous la pression normale (1,013 bar = 1 atm).

Les deux lois précédentes, toutefois, ne sont pas exactement "respectées" par des gaz différents et pour des pressions plus importantes, comme le montrent certaines expériences précises.

Les écarts avec la loi de Mariotte et celle d'Avogadro-Ampère deviennent importants lorsque :

- la pression est élevée ;
- le gaz étudié se trouve dans des conditions de pression et de température proches de ses conditions de liquéfaction (un gaz peut être liquéfié par compression et abaissement de température).

Dans la pratique, nous considérerons que les gaz

difficilement liquéfiables (dihydrogène, diazote, dioxygène, gaz rares...) correspondent aux lois de Mariotte et d'Avogadro-Ampère pour des températures habituelles et des pressions peu élevées.

Les gaz parfaits

D'un point de vue microscopique, un gaz parfait est un ensemble de molécules sans grande interaction entre elles en dehors des chocs et dont le volume propre total est négligeable devant celui du récipient. D'un point de vue macroscopique, l'état gazeux parfait est un état limite, caractérisé par des lois simples, et vers lequel, alors, tendent les gaz réels aux basses pressions et aux hautes températures.

Un gaz est un milieu *dilué:* à la pression ordinaire, le volume du vide dans lequel évoluent les molécules est des milliers de fois plus grand que le volume propre des molécules.

Un gaz est un milieu *désordonné :* l'agitation des molécules, nous l'avons vu, est permanente. La trajectoire d'une molécule peut être considérée comme une ligne brisée, succession de trajets rectilignes modifiés au hasard des chocs sur d'autres molécules ou sur les parois du récipient. On dénombre quelques milliards de chocs par seconde pour une seule molécule. Entre deux chocs, à température et pression ordinaires, une molécule parcourt une distance égale à 200 ou 300 fois son propre diamètre, soit quelques dizaines de nanomètres.

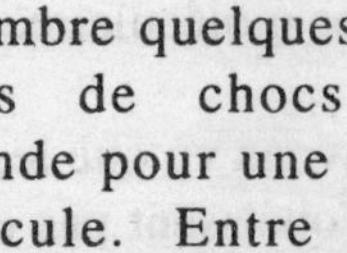

La trajectoire d'une molécule d'un gaz peut être vue comme une ligne brisée.

Les chocs modifient de façon aléatoire les vitesses des molécules. A un instant donné, ces vitesses sont réparties au hasard : c'est le *chaos moléculaire*. Ces vitesses peuvent être fort différentes, mais des théories statistiques permettent de calculer leur valeur moyenne pour chaque température. Cette vitesse moyenne augmente avec la température, d'où le nom d'*agitation thermique* conféré à ce chaos moléculaire.

Nous avons vu que les gaz réels n'obéissent pas exactement aux lois de Mariotte et d'Avogadro-Ampère.
Imaginons des gaz fictifs de même masse molaire que les gaz réels correspondants, qui suivraient exactement les deux lois citées plus haut, quelle que soit la pression. Pour cette raison, nous les nommerons des gaz parfaits. C'est pourquoi, tous les gaz parfaits auront exactement le même volume molaire à une température et sous une pression qui sont données.

> A 0 ° C et sous la pression de 1 bar, le volume molaire d'un gaz parfait est égal à 22,711 $\ell.mol^{-1}$.

Le modèle des gaz parfaits a un rapport avec un gaz formé de molécules assimilables à des points matériels, avec un volume totalement négligeable et entre lesquelles il n'y a aucune interaction à distance. Alors, l'identité des molécules n'intervient pas, ce qui correspond à la loi d'Avogadro-Ampère.

Les gaz réels ne sont pas exactement applicables à ces hypothèses. Néanmoins, aux faibles pressions et écarté des conditions de pression et de température correspondant à sa liquéfaction, un gaz réel peut être pratiquement assimilé à un gaz parfait. Car ses molécules sont fort dispersées ; leur volume propre est très modeste par rapport au volume occupé par le gaz, et les interactions à distance ne sont que de peu de poids.

En revanche, aux pressions élevées et à proximité des conditions de liquéfaction, les molécules sont moins dispersées ; leur volume propre n'est plus négligeable devant le volume occupé par le gaz et les interactions à distance ont plus d'importance, tout en différant suivant la nature du gaz. Les écarts du gaz réel avec le gaz parfait deviennent sensibles et dépendent de sa nature.

Dans un gaz parfait, les chocs itératifs, incessants, des molécules sur les parois du récipient ont tendance à repousser ou à déformer celles-ci : ces chocs correspondent à des forces de contact réparties en surface, forces appelées également forces pressantes.

Prenons pour réalité que la pression est proportionnelle au nombre de chocs par unité de temps et par unité de surface. Par ailleurs, nous admettrons que ce nombre de chocs est proportionnel au nombre de molécules par unité de volume, soit *a/V* (*a* étant le nombre de molécules dans le volume *V*). Ces hypothèses nous montrent que la pression est proportionnelle au nombre de molécules par unité de volume :

$$P = k \cdot \frac{a}{V}.$$

Par ailleurs, si *n* constitue la quantité de gaz (exprimée en mol), nous avons :

$a = n \cdot N_A$,
où N_A est la constante d'Avogadro.
Il vient alors :
$P \cdot V = k \cdot n \cdot N_A$;
en posant $A = k \cdot N_A$,
nous retrouvons l'expression de la loi de Mariotte :
$P \cdot V = n \cdot A$.

Cette interprétation, qui ne prend pas en considération la nature du gaz, est adaptée au gaz parfait ; k et A ne dépendent que de la température.
Rappelons enfin qu'il existe des capteurs de pression liés à une chaîne électronique. Ils transforment une variation de pression en une variation d'une grandeur électrique. Puis cette variation est affichée.

DILATATION DES GAZ

Nous allons voir maintenant le rôle que joue la température sur le volume d'une quantité donnée de gaz maintenu sous pression constante.

Lorsqu'on élève la température d'un gaz sous pression constante (transformation isobare), son volume va alors augmenter.

En revanche, si l'on abaisse la température, sous pression constante, le gaz diminue de volume.
Si nous élevons la température d'un gaz, nous augmentons l'agitation de ses molécules, donc aussi leur vitesse. Ce qui a tendance à faire monter la pression. Nous avons vu en effet que la pression du gaz traduit la force moyenne qu'exercent les molécules sur la paroi du récipient. Or, l'augmentation moyenne de la vitesse des molécules accroît cette action des molécules sur la paroi :

- parce que le nombre moyen des chocs des molécules sur la paroi par unité de temps et par unité de surface a tendance à augmenter avec la vitesse des molécules ;

- parce que, ensuite, la "force de frappe" des molécules a tendance, elle, également à augmenter, car leur quantité de mouvement *mv* est plus grande en moyenne.

Si un gaz est maintenu dans un volume constant, étudions quelle sera l'influence de la température sur la pression d'une quantité donnée de ce gaz.

Quand on élève la température d'un gaz maintenu dans un volume constant (transformation isochore), sa pression va augmenter.

A une élévation de température d'un gaz correspond une augmentation de l'agitation de ses molécules. Dans la mesure où l'on maintient le volume constant, le nombre de molécules par unité de volume demeure aussi constant pour une quantité donnée de gaz. La pression augmente donc nécessairement.

Echelle absolue de température

On a vu que pour une mole d'un gaz parfait à température constante, pression et volume étaient liés par la relation :

$$P \cdot V_m = A.$$

Le nombre A n'a rien à voir avec la nature du gaz; il n'est dépendant que de la température. Par ailleurs, nous venons de constater que lorsque la température d'un gaz va en augmentant, et qu'il est à pression constante, son volume croît. On peut conclure que le produit noté plus haut est une fonction croissante de la température.
Ce fait sert à définir une échelle de température,

qui est l'*échelle absolue.* Dans cette échelle, la température, notée T, est mesurée en **kelvins** (symbole : **K**).

Soit A_1 la valeur du produit $P \, . \, V_m$ à la température T_1 et A_2 sa valeur à la température T_2. On définit l'échelle Kelvin comme étant l'échelle pour laquelle le produit $P \, . \, V_m$ est fonction linéaire de la température ; ce qui donne :

$$\frac{A_2}{A_1} = \frac{T_2}{T_1}.$$

Si l'on choisi une température de référence T_0 dont on établi la valeur numérique, on obtiendra toute autre température par la relation :

$$\frac{T}{T_0} = \frac{A}{A_0}, \text{ soit}$$

$$T = \frac{A}{A_0} \, . \, T_0.$$

Par convention, la température de référence T_0 adoptée est la température de la glace fondante sous la pression atmosphérique normale. On a attribué à cette température de référence la valeur 273,15 K. Le zéro absolu de l'échelle Kelvin est une température limite impossible à atteindre. Aujourd'hui, la température la plus basse obtenue en laboratoire est $2 \, . \, 10^{-8}$K.

Equation d'état des gaz parfaits

De la relation $\frac{A_2}{A_1} = \frac{T_2}{T_1}$, nous déduisons :

$$\frac{P_2 \, . \, V_2}{P_1 \, . \, V_1} = \frac{T_2}{T_1}, \text{ soit}$$

$$\frac{P_2 \, . \, V_2}{T_2} = \frac{P_1 \, . \, V_1}{T_1}.$$

Pour une quantité donnée de gaz parfait, le rapport $\frac{P \, . \, V}{T}$ est constant.

Si R est la valeur de ce rapport pour une mole de gaz, nous avons :

$$P \, . \, V_m = R \, . \, T, \text{ soit :}$$

$$A = R \, . \, T.$$

Si nous prenons n moles du gaz parfait, nous aurons :

$$P \, . \, V = n \, . \, R \, . \, T.$$

Nous avons là l'équation d'état des gaz parfaits. R est une constante indépendante de la quantité, de la nature du gaz considéré, de la température ; c'est la

constante molaire des gaz parfaits.
Dans le système international d'unités, la valeur de R est :

$$R = 8{,}31448\ \mathrm{J \cdot mol^{-1} \cdot K^{-1}}.$$

La masse volumique ρ d'un gaz est la masse de l'unité de ce gaz.
Si *m* est la masse d'un gaz qui occupe un volume *V*, nous obtiendrons alors :

$$\rho = \frac{m}{V}.$$

La masse volumique, tout comme le volume, découle des conditions de température et de pression. Si la gaz peut être assimilé à un gaz parfait, nous pouvons écrire :

$$P \cdot V = \frac{m}{M_m} \cdot R \cdot T,$$

où M_m est la masse molaire du gaz, d'où :

$$\rho = \frac{m}{V} = \frac{M_m}{R} \cdot \frac{P}{T}.$$

On constate donc que la masse volumique d'un gaz donné est proportionnelle à sa pression et inversement proportionnelle à sa température absolue.

Par définition, la densité *d* d'un gaz par rapport à l'air est égale au rapport de la masse d'un certain volume de ce gaz à la masse d'un même volume d'air. On mesure les volumes dans des conditions de température et de pression identiques. C'est un nombre sans dimension.
En considérant les gaz comme parfaits, nous avons :

$$\rho_{gaz} = M_{gaz} \cdot \frac{P}{R \cdot T} \text{ et}$$
$$\rho_{air} = M_{air} \cdot \frac{P}{R \cdot T}.$$

Nous aurons alors :

$$d_{gaz} = \frac{\rho_{gaz}}{\rho_{air}} = \frac{M_{gaz}}{M_{air}}.$$

Les conditions de température et de pression n'in-

fluent donc pas sur la densité d'un gaz. Elle est égale au rapport des masses molaires de ce gaz et de l'air.
Remarquons que la notion de densité d'un gaz est fréquemment utilisée en chimie.

Loi de Gay-Lussac

Dès le début du XIXe siècle, ce chimiste et physicien avait démontré que, pendant une dilatation à pression constante d'un gaz sur un domaine limité de température, le volume est une fonction affine de la température Celsius :

$$V = V_0(1 + \alpha \, . \, t),$$
où V_0 est le volume à 0 ° C.

α est appelé coefficient de dilatation isobare. Ce coefficient ne dépend que peu du gaz considéré, du moins pour des pressions faibles.

A peu près à la même période, C. Charles nota que la pression est une fonction affine de la température Celsius :

$$P = P_0(1 + \beta \, . \, t),$$
où P_0 est la pression à 0 ° C.

Thermodynamique et chaleur

La thermodynamique étudie les échanges d'énergie qui se produisent entre des systèmes macroscopiques. Systèmes, qui, s'ils se trouvent à l'échelle atomique, comportent des particules (molécules) douées d'énergie cinétique, mais également d'énergie potentielle mutuelle qui correspond à l'interaction de ces particules entre elles. Cette énergie liée à la mécanique interne du système à l'échelle microscopique se nomme énergie interne. Une description fouillée d'un état de système implique alors de nombreuses variables. Néanmoins, à l'échelle moins fine qui est la nôtre, les propriétés du système correspondent à une description suffisamment bonne grâce à un petit nombre de variables, dites macroscopiques. L'énergie interne d'un système à l'équilibre consistera donc en une fonction des variables macroscopiques d'état.

Un transfert d'énergie est réalisé sous forme de chaleur quand les molécules du système interagissent de manière désordonnée avec le milieu extérieur. Ainsi, lorsqu'on rapproche deux corps, l'un chaud et l'autre froid, les molécules du corps chaud, dont l'énergie cinétique d'agitation est plus grande, frappent les molécules du corps froid, leur transmettent une part de leur énergie et égalisent les températures.

La façon la plus simple de fournir de la chaleur à un système consiste simplement à élever sa température. Ce n'est toutefois pas la seule. Ainsi on doit fournir de la chaleur pour faire bouillir de l'eau ; aussi longtemps que dure l'ébullition, la température demeure constante (100°C). La quantité de chaleur fournie augmente l'énergie potentielle d'interaction mutuelle des molécules d'eau jusqu'au moment où elles se séparent et se transforment en vapeur.

La chaleur est la forme d'énergie à laquelle les chercheurs ont mis le plus de temps à conférer un statut scientifique. La physique a finalement englobé les investigations sur la chaleur par le biais de trois types de travaux :

- construction d'instruments de mesure, dont l'élaboration a été très tardive ;
- recherche expérimentale au moyen de ces instruments ;

- théorisation mathématique de l'expérimentation suite aux réflexions provoquées par l'utilisation de la machine à vapeur.

La vapeur d'eau, qui anime la machine, est produite dans une chaudière et introduite dans un cylindre où elle repousse un piston. En même temps qu'elle travaille ainsi, la vapeur se refroidit ; sa pression diminue ; lorsque le piston revient en arrière, il la refoule dans un condenseur et la ramène dans la chaudière. La même eau, qui est employée sans déperdition, parcourt donc indéfiniment dans le même sens le trajet chaudière-cylindre-condenseur-chaudière.
Le plus grand nombre de machines sont à "double effet" : chaque chambre à gaz, de part et d'autre du piston, est mise alternativement en communication au moyen d'un tiroir, l'une avec la chaudière, l'autre avec le condenseur. Au retour comme à l'aller, le piston est donc moteur.
Afin d'utiliser au mieux la chaleur fournie par le foyer, la chaudière doit comporter une grande surface de chauffe, d'où l'utilisation de *chaudières tubulaires*. Dans celles *à tubes de fumée,* le foyer est prolongé par un faisceau de tubes de fumée baignant dans l'eau à chauffer. Dans les chaudières *à tubes d'eau,* c'est au contraire l'eau qui circule dans les tubes. Ces dernières permettent de réaliser des modèles de très grandes dimensions.

Moteurs thermiques

Le terme"moteurs thermiques"peut s'appliquer, d'une manière générale, à toutes les machines qui servent à transformer de la chaleur en travail quels que soient, d'une part, leur mode de fonctionnement et, d'autre part, la nature du fluide dont on se sert pour cette transformation.

MOTEUR A QUATRE TEMPS

C'est Beau de Rochas qui a inventé, en 1862, le célèbre cycle à quatre temps. Il avait conçu un moteur à explosion où l'allumage du combustible était précédé d'une compression de l'air comburant.

Considérons une chambre de combustion comportant un cylindre fermé d'un côté par une culasse et de l'autre par un piston. En l'aspirant grâce au piston, introduisons dans cette enceinte, par une soupape d'admission, un mélange gazeux convenable d'air et d'essence, qui est explosif. Puis exerçons une pression sur les gaz : le piston rentre. Faisons alors éclater à l'intérieur du mélange, au moyen d'une bougie d'allumage, une étincelle électrique. Celle-ci enflamme instantanément le mélange en une explosion qui s'accompagne d'une augmentation du volume des gaz, sous la pression desquels le piston est violemment repoussé. Quand celui-ci revient à sa position première, les gaz brûlés sont expulsés au-dehors par une seconde soupape, dite d'échappement.
Cette expérience se déroule ainsi en quatre phases successives :

- admission des gaz ;
- compression du mélange gazeux ;
- explosion ;
- échappement des gaz brûlés.

Le cycle pouvant indéfiniment se répéter (le piston, dans ses allées et venues, aspirant à chaque fois les gaz à nouveau, les comprimant, se laissant repousser par leur explosion, puis les refoulant et les chassant lors de son retour en arrière), on disposait là d'un moteur très efficace.

Le meilleur fonctionnement du moteur est réalisé lorsque l'explosion a lieu quand la chambre de combustion du cylindre est réduite à son volume minimal V_1 : le piston est alors au point mort haut.

Le volume maximal occupé par le mélange air-vapeur d'essence correspond à la position du piston au point mort bas, à la fin de l'admission : le volume est alors V_2. Le volume du mélange d'air et de vapeur d'essence est donc comprimé du second au premier volume.

> Le taux de compression du mélange air-vapeur d'essence est :
>
> $$\frac{V_2}{V_1}.$$

Nous pouvons remarquer que le taux de compression serait égal au rapport des pressions du mélange gazeux correspondant aux volumes respectifs si la température du mélange air-essence restait constante au cours de la compression. Ce qui n'est pas le cas, puisque la température s'élève.

MOTEUR A DEUX TEMPS

Dans les moteurs à explosion à deux temps, on essaie de réaliser le cycle de Beau de Rochas de telle façon que l'allumage et la détente se produisent à chaque tour de vilebrequin. En principe, ce type de moteur devrait développer une puissance deux fois plus grande que celle d'un moteur à quatre temps qui aurait les mêmes dimensions et la même vitesse de rotation. En fait, le rapport des puissances des deux moteurs, au lieu d'être égal à deux, n'est que de l'ordre de 1,4 à 1,5.

MOTEUR DIESEL

Rudolf Diesel découvrit le principe de son moteur en considérant un briquet

pneumatique, grâce auquel, par simple compression de l'air contenu dans un tube de verre, on provoquait un échauffement tel qu'on parvenait à enflammer une mèche d'amadou. En 1893, il décrivait le moteur Diesel qui transformait directement dans le cylindre un carburant en énergie.
La structure d'un tel moteur ressemble à celle du moteur à essence, mais il n'a besoin ni de carburateur, ni de système d'allumage. Son piston aspire l'air frais auquel il fait subir une compression si forte que celui-ci s'échauffe jusqu'à une température de 800 °C.
Dans cette masse d'air surchauffée est alors injectée une certaine quantité d'huile lourde pulvérisée qui s'enflamme spontanément au contact de l'air chaud.

TURBINES

- Dans les *turbines à vapeur,* la vapeur, détendue dans des tuyères, y accroît sa vitesse d'écoulement ; il en résulte de puissants jets qui, passant entre les aubes de la turbine, impriment à celle-ci un rapide mouvement de rotation.
Tantôt, la vapeur n'agit que par sa force vive sur les aubes, et la machine fonctionne alors par *action ;* tantôt, elle agit autant par sa force vive que par la puissance de son expansion, et la turbine fonctionne par *réaction.*
La détente de la vapeur peut être progressive, en utilisant plusieurs roues mobiles séparées par une couronne fixe. C'est ainsi que l'on obtient de grandes vitesses de rotation, jusqu'à 3 000 tours par minute. Dans un système comportant deux plateaux qui entraînent chacun un alternateur, la vitesse relative des aubes correspond à 6 000 tours par minute.

- Les *turbocompresseurs* de moteurs Diesel, dans lesquels la turbine utilise l'énergie résiduelle des gaz d'échappement issus des cylindres.

-Les *turbines à gaz à circuit fermé,* où l'apport de chaleur au fluide actif se fait dans un échangeur de chaleur.

MOUVEMENTS VIBRATOIRES

PHÉNOMENES PÉRIODIQUES

Certains de ces phénomènes (saisons, respiration, rotation de la Terre sur elle-même et sa révolution autour du Soleil, etc.) se répètent à des intervalles de temps réguliers : on leur donne la qualificatif de périodiques. La période, notée *T*, est la durée de ces intervalles fixes ; en fait la plus petite durée au bout de laquelle le phénomène se reproduit identique à lui-même.

Le nombre de répétitions d'un phénomène périodique par unité de temps, c'est-à-dire le nombre de périodes par unité de temps, définit sa fréquence, notée *N* ; c'est donc l'inverse de sa période :

$$N = \frac{1}{T}.$$

Dans le système international d'unités, la période s'exprime en secondes et la fréquence *N* en **hertz** (symbole = **Hz**). On se sert également de multiples comme le kilohertz, le mégahertz et le gigahertz.

OSCILLATEURS

Un système physique constitue un oscillateur pour le phénomène étudié (intensité électrique, par exemple) si, après un certain intervalle de temps, appelé de régime transitoire, ses variables de configuration sont des fonctions périodiques du temps ou des combinaisons linéaires de fonctions périodiques du temps.

L'oscillateur à une variable est un système physique qui est le siège d'un phénomène caractérisé par la variable *q* dont les valeurs par rapport au temps sont régies par l'équation différentielle :

$$aq'' + cq = 0,$$
où a et c sont des constantes de même signe ; posant $\omega^2 = c / a$ (ω est la pulsation), on peut écrire :
$$q(t) = q_0 \cos \omega t + \frac{q'_0}{\omega} \sin \omega t.$$

Ce genre d'oscillateur est dit *harmonique*.
Il est toutefois rare que l'on puisse schématiser les phénomènes caractérisant un système physique grâce à une seule variable. Ainsi, en mécanique et en électricité, on trouve les modèles suivants qui sont caractérisés par deux paramètres dont les variations, en fonction du temps, découlent d'un système de deux équations différentielles. Pour deux variables, on écrit généralement le système différentiel linéaire :

$$a_{11} q''_1 + b_{11} q'_1 + c_{11} q_1 + a_{12} q''_2 + b_{12} q'_2 + c_{12} q_2 = 0$$
$$a_{21} q''_1 + b_{21} q'_1 + c_{21} q_1 + a_{22} q''_2 + b_{22} q'_2 + c_{22} q_2 = 0.$$

Comme q_1 et q_2 interviennent dans chaque équation de ce système, on dit que les variables sont *couplées.*

Dans la pratique, on trouve des oscillateurs mécaniques (une barre fixée à un fil d'acier tendu oscille quand on l'écarte de sa position d'équilibre), des oscillateurs acoustiques, qui constituent des oscillateurs mécaniques particuliers (les cordes des violons, les cordes vocales) et, lorsque dans un circuit électrique un générateur de tension alternative produit un courant alternatif, les électrons libres du circuit oscillent de part et d'autre d'une position moyenne : nous avons là des oscillations électriques.

STROBOSCOPIE

Cette technique permet de visualiser des phénomènes périodiques matériels trop rapides pour pouvoir être

suivis par l'oeil. Elle utilise une source de lumière émettant, à la fréquence f voisine de celle du phénomène F, des éclairs de durée nettement plus courte que la période du phénomène à étudier (pour que le mouvement que l'on observe soit insensible pendant la durée des éclairs). Entre deux éclairs, la pièce en mouvement effectue ainsi un cycle et se retrouve très proche de la position qu'elle avait lors de l'éclair précédent.
Si $f = k$ F, on verra k images fixes de la pièce.

Si F $> f$, le mouvement se déroulera dans son sens réel avec une fréquence égale à la différence des fréquences.
Si F $< f$, le mouvement se déroulera en sens inverse de son sens réel. (C'est ce qui se passe au cinéma quand on voit les roues de voitures tourner à l'envers.)
Un stroboscope étalonné permet de mesurer la fréquence d'un oscillateur mécanique : elle égale à la fréquence maximale des éclairs qui permettent d'obtenir l'immobilité apparente de l'oscillateur.

Vibrations acoustiques

Le son consiste en une catégorie infinie de types de vibrations ayant certaines propriétés qui leur permettent d'être entendues par les oreilles et les systèmes auditifs humains ou autres.
Lorsqu'un objet en contact avec l'air est mis en mouvement vibratoire, sa vibration se transmet à l'air. En se propageant, celle-ci provoque un accroissement de la pression dû à la compression des molécules d'air dans l'environnement immédiat. En s'écartant de l'air, elle engendre une réduction de la pression consécutive à la raréfaction des molécules d'air.
Cette alternance ou oscil-

lation dans la pression de l'air crée un front d'onde qui se propage dans l'atmosphère. Quand ce front d'onde touche le tympan, sa vibration se transmet au tympan et lui communique un mouvement similaire.

Le bloc constitutif élémentaire du son est l'*onde sinusoïdale* ou *sinusoïde*. Grâce à un ensemble de lois mathématiques élaborées par Joseph Fourier, toute vibration complexe, comme celle d'un instrument de musique ou d'une voix humaine, peut être définie par une somme de sinusoïdes qui diffèrent en amplitude, en fréquence et en phase.

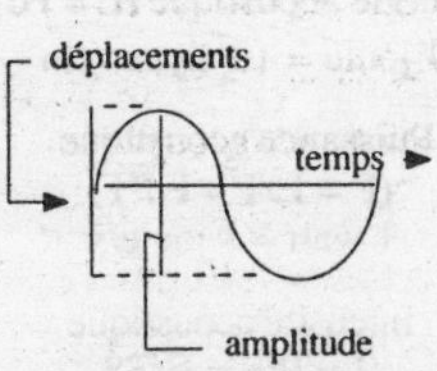

Cycle d'une onde sinusoïdale

La figure que l'on voit ci-dessus représente un cycle d'une onde sinusoïdale. Il s'agit d'une fluctuation périodique dans le temps d'un objet, tel que cet objet se déplace dans une direction donnée, de sa position de repos jusqu'à une distance maximale, revienne vers cette position, puis continue dans la direction opposée dont il repart à nouveau vers ce même centre, et ainsi de suite. L'objet sera soumis à ce même mouvement pendant le même laps de temps pour la durée de son oscillation. Sur cette figure, l'axe horizontal va représenter le temps, qui progresse de gauche à droite, et l'axe vertical le déplacement, déplacement positif représenté vers le haut, et déplacement négatif vers le bas.

AMPLITUDE, INTENSITÉ ET DÉCIBEL

La crête d'amplitude de la vibration est en rapport

direct avec la distance maximale parcourue par l'objet dans l'une ou l'autre direction. On peut également parler de l'amplitude instantanée du déplacement variant en fonction du temps. Ce qui serait représenté par l'amplitude effective à tout moment donné du temps.

La pression acoustique exercée par un objet est égale à la force exercée par celui-ci par unité de surface à laquelle la force est appliquée. N'importe quelle force peut exercer un travail, c'est-à-dire qu'elle est capable de déplacer des objets tels que les molécules d'air ou le tympan. La force exercée sur une distance est appelée énergie. Ce qui signifie que l'énergie est liée à l'amplitude de vibration d'une source. La puissance d'une vibration correspond à la quantité d'énergie déployée par unité de temps. Et l'intensité acoustique du son correspond à la puissance par unité de surface à laquelle la puissance est appliquée. L'intensité correspond donc à la valeur du déploiement d'énergie par unité de surface.

Ces relations d'unités qui servent à mesurer des quantités liées à des intensités acoustiques sont résumées dans le tableau ci-dessous :

Quantités liées à des intensités acoustiques.
Temps (T)......secondes (s) Distance (d)......mètres (m) Surface (s)......cm Force sonore (F)..1 Newton (N)
Pression acoustique .(p = F/S) 1 N/m² = 10 dynes/cm²
Energie acoustique (E = Fd) 1 joule = 10^7 dynes/cm
Puissance acoustique (P = E/T = Fd/T) 1 watt = 1 joule/s
Intensité acoustique (I = P/S = E/TS watts/m²

Ces unités ne sont pas tout à fait suffisantes pour

définir l'intensité acoustique dans son rapport à l'audition, car l'étendue dynamique à laquelle l'oreille est sensible peut être représentée par 10^{15} unités de puissance. C'est donc la transformation de ces unités en une autre gamme de mesure qui est utilisée : la gamme des décibels.

Cette gamme est une gamme proportionnelle, ce qui veut dire qu'à des unités égales de cette gamme correspondent des proportions égales d'unités originelles de mesure. Le décibel est lié à la puissance acoustique (P), comme suit :

$$\begin{aligned}\text{Décibel (dB)} &= 10 \log (P1/P0)\\ &= 10 \log [(E1/T) / (E0/T)]\\ &= 10 \log (E1/E0).\end{aligned}$$

Le décibel peut donc être le rapport de deux puissances ou de deux énergies (E). En outre, comme la puissance acoustique est proportionnelle au carré de la pression acoustique (p), la formule correspondant au décibel est, en termes de pression :

$$\begin{aligned}\text{dB} &= 10 \log (P_1 / P_0)\\ &= 10 \log [(p_1 / k) / (p_0 / k)]\\ &= 10 \log (p_1 / p_0)\\ &= 10 \log (p_1 / p_0)\\ &= 20 \log (p_1 / p_0).\end{aligned}$$

C'est pourquoi le décibel est égal à dix fois le log du rapport de deux puissances ou énergies, et vingt fois le log du rapport de deux pressions (ou amplitudes, puisque l'amplitude est proportionnelle à la pression).

Le décibel est une mesure relationnelle : il faut avoir deux quantités pour obtenir une mesure en décibels. Aussi est-il absurde de parler d'une intensité de 60 dB.

PÉRIODE, FRÉQUENCE ET PHASE

La période d'une sinusoïde

correspond au temps qui est nécessaire à l'achèvement d'un cycle complet de l'onde. L'unité de la période est donnée en seconde par cycle. Par ailleurs, on peut parler de la fréquence d'une onde sinusoïdale. La fréquence correspond à l'inverse de la période et est donnée en unités de cycles par secondes, ou hertz (Hz).

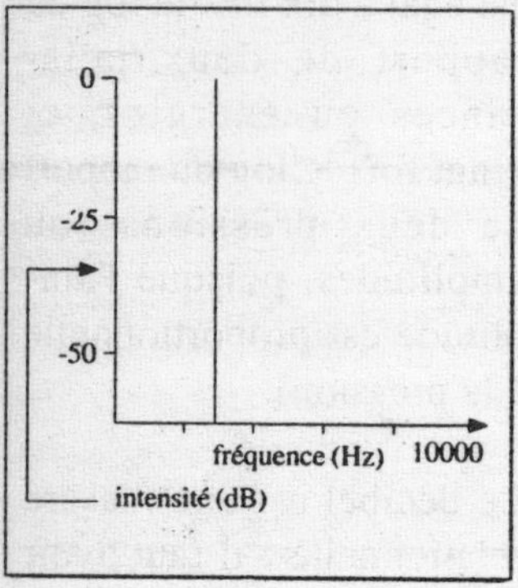

On peut représenter les ondes sinusoïdales en fonction de la fréquence (ou spectre). La figure ci-dessus représente le spectre d'une sinusoïde de quelque 2 000 Hz (ou 2kHz). L'axe horizontal représente la fréquence, l'axe vertical l'intensité en dB relative à la fréquence d'intensité maximale présente. La ligne unique qui est à 2 kHz siginifie qu'il y a une unique fréquence présente en l'occurence. Cette représentation est une idée mathématique, car pour obtenir la représentation parfaite par une ligne d'une composante de fréquence, celle-ci devrait avoir exister depuis toujours et devrait exister pour l'éternité. Cela est dû à la nature des lois mathématiques appelées analyse de Fourier, que nous avons évoquées plus haut.

En termes de spectre, la bande de fréquences présentes dans le son s'élargit de plus en plus avec la réduction de la durée. C'est ce que l'on nomme le principe d'incertitude acoustique, qui est le principe mathématique d'incertitude de Heisenberg en physique. Ce principe démontre l'existence d'une limite de spécification dans l'infiniment petit quand il faut définir à la fois la largeur de bande de fréquences et la largeur de bande temporelle (c'est-à-dire la durée).

Il existe une autre spécificité temporelle des sons, affectant les caractéristiques du spectre, la *forme de l'enveloppe d'amplitude*. L'enveloppe d'amplitude correspond au tracé d'ensemble des variations de l'amplitude de crête dans le temps. Ce qui est lié aux caractéristiques d'attaque et de chute du son. Les sons dotés d'un début d'enveloppe avec une croissance rapide auront une attaque plus franche que les sons dont le début d'enveloppe est à croissance lente.

Pour décrire les effets de spectre, considérons une méthode proche du fonctionnement de l'oreille : elle consiste à examiner le spectre à des moments successifs dans le temps. Il s'agit de l'analyse de Fourier de court terme.

Une analyse de cette sorte donnerait la description suivante :

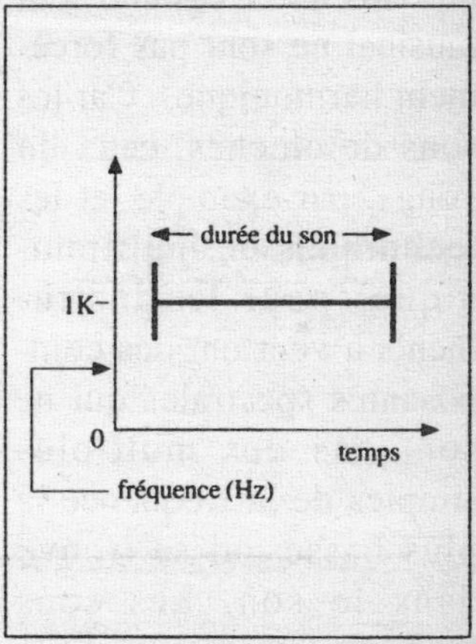

On a placé sur cette figure la fréquence sur l'axe vertical et le temps sur l'axe horizontal. Il faut remarquer que, dans ce cas, la dispersion dans le spectre de fréquence apparaît aux angles aigus du signal. Ce mode de représentation du spectre en fonction du temps est très souvent appelé *sonogramme* et est couramment utilisé dans la recherche sur l'analyse de la parole.

LES SONS INHARMONIQUES

Tous les sons que l'on peut rencontrer dans la réalité ou dans un environnement musical ne sont pas forcément harmoniques. Car les sons de cloches, ceux de gongs, par exemple, et les techniques de multiphoniques pour les instruments à vent ont des composantes spectrales qui ne sont pas des multiples simples de la fréquence la plus basse qui se trouve dans le son. Les sons inharmoniques ne sont pas périodiques comme ceux qu'on peut observer en examinant la forme d'onde d'un son inharmonique.
Les sons inharmoniques possèdent nombre de propriétés intéressantes quant à la perception.

Jusqu'à présent, tous les sons dont nous avons traité pourraient être qualifiés de relativement stationnaires, hormis les simples manipulations d'enveloppe d'amplitude. Les sons présentant un intérêt musical sont rarement stationnaires dans leurs fréquences, leurs amplitudes et leur composition spectrale d'ensemble. Les sons riches des instruments de musique, des voix ou d'auditoires qui toussent sont dynamiques par leur composition et possèdent certaines qualités acoustiques relativement complexes, telles que modulation d'amplitude, modulation de fréquence et intègrent fréquemment des éléments de bruit.

MODULATION D'AMPLITUDE

La modulation d'amplitude est constituée par toute variation de la crête d'amplitude en fonction du temps. Dans la plupart des cas, on emploie ce terme en référence à des fluctuations périodiques ou quasipériodiques d'amplitude telles que trémolos et battements. Mais il peut aussi se référer à des fluctuations aléatoires d'amplitude ou même à des enveloppes d'amplitude.

MODULATION DE FRÉQUENCE

Il s'agit là d'une des techniques les plus puissantes pour générer des spectres complexes proches des sons d'instruments acoustiques.

La modulation de fréquence (FM) comprend tout changement de fréquence dans le temps et inclut des outils musicaux tels que variations aléatoires de fréquence de sources acoustiques, inflexion de hauteur dans le discours, etc.
Comme dans le cas de la modulation d'amplitude, la forme de modulation de fréquence la plus simple à décrire est la modulation de fréquence d'une onde sinusoïdale, ce qui correspond à peu près à un bon vibrato.

SIGNAUX DE BRUIT ET FILTRES

Commençons par le *bruit blanc.* On l'a appelé ainsi en raison de son analogie avec la lumière blanche. A savoir que toutes les fréquences audibles s'y trouvent, avec des amplitudes et des phases aléatoires à tout instant. Il est possible qu'elles ne soient pas toutes présentes avec la même intensité au moment choisi, mais elles sont toutes présentes avec une même intensité moyenne sur une longue période de temps.

Il est une façon de décrire les bruits blancs dans le temps : elle repose sur les distributions probabilistes de leurs amplitudes instantanées.
Divers moyens existent, qui peuvent modifier ou colorer les signaux de bruit pour leur conférer certaines caractéristiques de timbre ou de hauteur

perceptibles. Ce qui implique dans la plupart des cas l'emploi de filtres.

Un *filtre* est un dispositif acoustique ou électronique, ou bien une technique numérique sur ordinateur qui sert à changer le spectre des sons.

La fonction fondamentale d'un filtre consiste à réduire l'intensité de certaines fréquences par rapport aux autres. Les cavités de résonance ont cette fonction sur le plan acoustique bien qu'elles servent également à augmenter l'énergie présente auprès des cavités de résonance.
Deux types fondamentaux d'opération de filtre existent, à partir desquels on peut construire des types de filtres plus complexes. Il s'agit des filtres *passe-haut* et *passe-bas*.
Un filtre passe-haut laisse passer à travers le filtre les fréquences situées au-dessus d'une certaine fréquence de coupure mais atténue ou coupe les fréquences inférieures à la fréquence de coupe.
Il faut remarquer que le spectre côté basses fréquences de la coupure ne chute pas tout de suite, mais selon une pente graduelle. La pente du filtre est contrôlée par son *ordre*.

Plus le filtre est d'un ordre élevé, plus la pente est raide.
Le filtre passe-bas fonctionne de la même façon, si ce n'est qu'il laisse passer les fréquences plus basses que la coupure et atténue celles qui sont plus hautes.

Si l'on vient à combiner un filtre passe-bas ainsi qu'un filtre passe-haut en parallèle, avec le filtre passe-bas plus bas que le filtre passe-haut, il en résulte un filtre *coupe-bande* ou filtre de *réjection coupe-bande*. Cette sorte de filtre laisse passer toutes les fréquences, sauf celles situées entre les deux fréquences de coupure.

Une autre façon de modifier le bruit qui peut donner une impression d'imprécision de hauteur consiste à moduler en amplitude le signal de bruit. Pour ce faire, on prend le bruit en variant l'atténuation d'ensemble du signal comme une fonction du temps.

LES SPECTRES EN FONCTION DU TEMPS

Il devient de plus en plus évident que les formes d'onde et les représentations de spectre de sons de long terme ne procurent que peu de repères significatifs ni intuitifs quant aux caractères des sons qui se trouvent facilement reconnaissables à l'oreille.
Le diagramme de spectre temporel et tridimensionncl donne un troisième axe à l'amplitude. Il est beaucoup plus facile de posséder le sens intuitif de la manière dont les amplitudes des différents harmoniques varient en fonction les unes des autres dans le temps.

Ce qu'il faut, actuellement, ce sont des outils mathématiques qui permettent d'opérer des transformations de l'espace tridimensionnel du temps, de l'amplitude et de la fréquence (ou tétradimensionnel, si nous incluons la phase) à cet espace multidimensionnel de la perception musicale dépendante du contexte.

GAMME

C'est au début du XIe siècle que Guy d'Arezzo aurait élaboré ce que l'on désigne aujourd'hui par le mot "gamme". Partant des "tétracordes" des Grecs, qui s'en servaient pour diviser l'octave en deux parties et remarquant que, dans certains modes, les tétracordes se chevauchaient, il ajouta une note supplémentaire, qui était plus basse que la dernière, et qu'il désigna par la lettre grecque *gamma* d'où vint le mot gamme.

L'octave est l'intervalle (ou différence de hauteur) connu de tous :

> Lorsque le rapport des fréquences de deux sons est 2 $\left(\frac{N_2}{N_1} = 2\right)$, ces sons sont séparés d'une octave.

Néanmoins, on peut définir d'autres intervalles qui sont "agréables"à l'oreille:

> la *quinte* $\left(\frac{N_2}{N_1} = \frac{3}{2}\right)$, la *quarte* $\left(\frac{4}{3}\right)$, la *tierce* $\left(\frac{5}{4}\right)$, la *sixte* $\left(\frac{5}{3}\right)$, la *tierce mineure* $\left(\frac{6}{5}\right)$, la *sixte mineure* $\left(\frac{8}{5}\right)$.

Une gamme est donc la réunion de tous les sons situés entre le son fondamental et l'octave, et se succédant avec une régularité fixe en rapport avec ces intervalles auxquels l'oreille est très sensible.

C'est au XVIIe siècle que A. Werkmeister eut l'idée d'une géniale simplicité de poser l'équation suivante : douze quintes = sept octaves. Il découle de cette égalité que, une fois ramenées à l'intérieur d'une même octave par un nombre convenable de divisions par deux, les douze notes de la série des quintes divisent cette octave en douze parties égales ou douze demi-tons *tempérés*. L'inconvénient de la gamme tempérée est de donner des intervalles qui, à l'exclusion de l'octave, sont tous "faux" par rapport aux résonances naturelles. Mais l'avantage énorme que généra cette idée est de permettre toutes les transpositions et d'ouvrir aux musiciens la possibilité d'écrire dans toutes les tonalités en se servant des instruments à clavier à douze touches par octave.

L'efficacité de cette méthode a été démontré de manière éclatante par Jean-Sébastien Bach dans son œuvre, le *Clavier bien tempéré.*

Partant de la notion de *mode,* de la division de l'octave en parties inégales donc, la gamme a tendance, actuellement, à rejoindre la notion d'*échelle* qui serait une division en parties égales de l'espace sonore.

La fréquence absolue d'une note ne peut être exprimée que si l'on choisit de façon convenable la fréquence d'une note de base; on a choisi la fréquence du la_3 , qui est égale à 440 Hz.

Si l'on veut calculer la fréquence N du son fondamental, on démontre alors qu'une corde de longueur l, de masse linéique $\mu = m / l$ (m : masse de la corde), soumise à une tension F, vibre dans le mode fondamental, à la fréquence :

$$N = \frac{1}{2l} \cdot \sqrt{\frac{F}{\mu}}.$$

Cette relation montre que, quand F augmente, N croît également. Cette propriété sert à accorder les instruments. Si une corde sonne trop bas, il suffit de la tendre un peu ; dans le cas contraire, on la détend. Les quatre cordes du violon supportent une tension totale proche de 250 N.

LES ONDES

Certains phénomènes sont caractérisés par le fait que leurs manifestations sont, à tout instant, situées dans une région de l'espace, en général mobile et déformable ; on dit qu'ils se propagent par ondes. L'espace est naturellement partagé en trois régions : celle où la perturbation s'est manifestée mais a cessé, celle où elle se manifeste à l'instant considéré, enfin celle où elle ne s'est pas encore manifesté.

Pour décrire une onde dans l'espace, on doit préciser l'état vibratoire *s* de tout point de l'espace (de coordonnées *x, y, z*) à tout instant *t*.

Cet état vibratoire peut être un nombre (un scalaire) ou un vecteur selon le type d'onde. L'évolution de cet état au cours du temps est généralement précisé par une certaine équation (différentielle) caractéristique.

La propagation correspond au fait que, au cours du temps, les surfaces d'onde se déplacent plus ou moins parallèlement à elles-mêmes. Elles peuvent présenter des formes très variées. Certaines, de forme simple, comme les ondes sphériques, ont des surfaces d'onde qui sont des sphères.

Pour ce qui concerne les ondes planes, leurs surfaces d'onde présentent des plans tous parallèles entre eux. Ce qui est fondamental, puisque toute onde qui est assez éloignée de la source qui lui a donné naissance est plus ou moins assimilable dans une petite région à une onde plane.

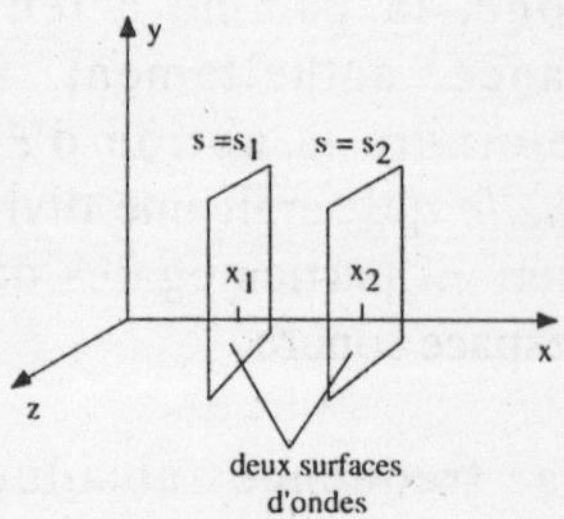

Propagation d'une onde plane dans la direction Ox

En ce concerne le cas particulier des ondes planes harmoniques, la fonction *f* est la fonction cosinus (ou sinus). L'onde plane progressive a donc l'état vibratoire:

$$s(x, y, z, t) = a\cos\omega\left(t - \frac{x}{c}\right).$$

Le phénomène d'*ondes statiques* se produit lors de l'interférence des deux ondes planes sinusoïdales de même fréquence, qui se propage en sens opposé suivant la même direction. Admettons qu'il s'agisse de la propagation d'ondes transversales sur une corde, et considérons l'onde résultant de leur supperposition. Dans les expériences où l'on peut étudier ce phénomène, on utilisera l'onde incidente créée par une source, et cette même onde réfléchie une seule fois sur un milieu réflecteur. Admettons qu'un point P (lié au milieu réflecteur) ne puisse pas vibrer. L'onde incidente devrait lui imposer un mouvement sinusoïdal. Choisissons l'origine des temps, puis écrivons :

$$y_{iP} = a \sin \omega t.$$

Puisque P est fixé, admettons que l'onde réfléchie lui conférerait l'élongation suivante :

$$y_{rP} = a \sin \omega t$$

telle que $y_{iP} + y_{rP}$ soit nulle à chaque instant.

Soit un point M, d'abscisse x $(x \geq 0)$. L'élongation due à l'onde incidente sera :

$$y_{iM} = a \sin \omega \left(t + \frac{x}{v} \right)$$

puisqu'elle a une avance de phase $\omega x / v$ par rapport à l'onde incidente au point P.

L'élongation due à l'onde réfléchie sera :

$$y_{rM} = -a \sin \omega \left(t - \frac{x}{v} \right)$$

car elle présente un retard de phase $\omega x / v$ par rapport à l'onde réfléchie au point P.

Si nous en tenons au principe de superposition des petits mouvements, l'élongation suivante vaut alors:

$$y_M = a \left[\sin \omega \left(t + \frac{x}{v} \right) - \sin \omega \left(t - \frac{x}{v} \right) \right].$$

Pour un point M, l'élongation varie sinusoïdalement en fonction du temps avec la pulsation ω qui est la pulsation de l'onde incidente. Tous les points ayant une amplitude de même signe vibrent en phase.

Le terme sin $\frac{w\,x}{v}$ peut s'écrire sin $\frac{2\pi x}{\lambda}$ si l'on introduit la longueur d'onde

$$\lambda = v\,T = \frac{2\pi x}{\omega}.$$

Attachons-nous à l'étude d'un cas particulier : la résonance le long d'une corde tendue entre deux extrémités. L'une des extrémités B est fixe, l'autre A est fixée à un vibreur qui lui imprime un mouvement sinusoïdal. En raison du vibreur, une onde incidente y_1 se propage de A vers B avec une certaine célérité c (qui dépend de la masse de la corde et de sa tension) :

$$y_1 = a \cos \omega \left(t - \frac{x}{c} \right).$$

a˙1 mm

Tout comme une onde circulaire peut être localement assimilée à une onde rectiligne, une onde sphérique peut être assimilée à une onde plane.

ONDES LUMINEUSES

La lumière, comme le son, se propage par ondes. L'onde lumineuse est constituée par les vibrations d'un champ électromagnétique, alors que pour le son il s'agit des vibrations du milieu dans lequel l'onde se propage, comme l'air ou l'eau. D'intensité variable, ces ondes peuvent donc générer des vibrations plus ou moins fortes. L'augmentation d'intensité d'une onde sonore se traduit par un son plus fort et celle d'une onde lumineuse par une lumière plus vive.

La lumière est un ensemble d'ondes électromagnétiques visibles.
Les ondes lumineuses se propagent dans le vide à la célérité c = 300 000 km . s^{-1}. Leur célérité est plus faible dans les milieux matériels transparents. Dans un milieu transparent, homogène et isotrope, la lumière se propage en ligne droite (isotrope : qui a, en chaque point, les mêmes propriétés dans toutes les directions autour de ce point).

Les ondes lumineuses s'étendent sur une gamme de fréquences correspondant au nombre de vibrations par seconde. Les différentes fréquences de la lumière correspondent pour l'oeil à diverses couleurs ; ainsi, la lumière bleue a une fréquence plus élevée que la lumière rouge.

La lumière peut aussi être mesurée en termes de longueur d'onde.

> On caractérise de façon courante une onde lumineuse monochromatique par sa longueur d'onde λ dans le vide, liée à sa fréquence $\nu = \frac{1}{T}$ par la relation :
>
> $$\lambda = \frac{c}{\nu}.$$

Les longueurs d'onde lumineuses s'expriment en nanomètres (1 nm=10^{-9}m). Dans le vide, les longueurs d'onde des ondes lumineuses sont comprises entre 400 nm (violet) et 750 nm (rouge).

Certains considèrent le blanc et le noir comme des "couleurs", ce qui ne correspond pas à la réalité. Le noir n'est en effet que l'absence de lumière, et donc de couleur, tandis que le blanc constitue un mélange de plusieurs couleurs fondamentales. On peut le vérifier en faisant passer dc la lumière blan-che émise par le Soleil au travers d'un prisme : celle-ci se divise en bandes colorées correspondant au spectre de la lumière. Le spectre se présente comme un arc-en-ciel, ce qui n'est pas étonnant puisque l'arc-en-ciel est produit par les gouttes d'eau en suspension dans l'air, chacune dispersant la lumière à la manière d'un prisme.

L'arc-en-ciel fournit la preuve que la lumière blanche est un mélange d'ondes monochromatiques. Les gouttes d'eau de l'atmosphère semblables à des prismes, dispersent ces radiations d'après leur couleur (leur longueur d'onde). On voit alors le spectre réfléchi par les goutelettes. Mais le résultat dépend de la position qu'on occupe par rapport au Soleil, aux gouttes et à l'horizon. A bord d'un avion volant à très haute altitude, on peut même voir un cercle au lieu d'un arc.

Souvent, il arrive que nous apercevions deux arcs: l'arc primaire, ou l'intérieur, et l'arc secondaire, extérieur et plus grand. Leurs couleurs sont inversées. Dans l'arc primaire, la lumière n'a été réfléchie qu'une fois par la paroi arrière des goutelettes. Mais certains rayons peuvent subir deux réflexions, ce qui explique l'inversion des couleurs dans l'arc secondaire qui, par ailleurs, se montre moins lumineux que le primaire.

La dispersion de la lumière qui permet d'examiner le spectre est une partie fort importante de la physique. Différents éléments émettent un rayonnement de couleur différente quand on les chauffe ou les soumet à une décharge électrique. C'est le principe qui est utilisé dans les enseignes lumineuses au néon. Si l'on passait au travers d'un prisme la lumière provenant d'une matière incandescente, on obtient un spectre dont la conformation, qui n'est la même

pour chaque élément, permet d'identifier la matière en question.
Ce sont les trois types de récepteurs de la rétine qui permettent à l'homme, ainsi qu'à de nombreux animaux, de percevoir les couleurs. Ces récepteurs rétiniens captent différentes gammes de longueurs d'onde, correspondant en gros à celles du rouge, du vert et du bleu. Les autres couleurs sont alors obtenues par la combinaison de ces trois couleurs primaires: le rouge et le vert donnent du jaune; le vert et le bleu du cyan; le bleu mélangé au rouge du magenta. La combinaison lumineuse de ces trois primaires donne de la lumière blanche.

Analyse de Fourier

L'idée générale de l'analyse de Fourier, essentielle pour ce qui est de l'étude des phénomènes vibratoires, est fondée sur un théorème de mathématique:

> Toute fonction périodique de période T_0 (pulsation $\omega_0 = 2\pi / T_0$) comme une superposition (au sens d'une somme) de fonctions trigonométriques de pulsations $\omega_n = n\,\omega_0$ où n est un entier; le terme $n = 1$ correspond au terme fondamental ; les autres termes se nomment les harmoniques.

Le nombre de termes à considérer est généralement infini, ce qui revient à décomposer la fonction considérée en "série trigonométrique" ou *série de Fourier.*
L'importance relative des différents harmoniques est déterminée par des coefficients que le théorème de Fourier permet de calculer.
Soit $f(x)$ une fonction réelle ou complexe de la variable réelle x, fonction périodique de la période 2π, présentant sur l'intervalle $/ -\pi, +\pi /$ un nombre

fini de discontinuités, de maxima et de minima, et telle que :

$$\int_{-\pi}^{+\pi} |f(x)|\,dx$$

ait une valeur finie.
Il est alors possible de décomposer $f(x)$ en série de Fourier sous la forme suivante :

$$f(x) = \frac{a_0}{2} + \sum_{n=1}^{\infty} (a_n \cos nx + b_n \cos nx)$$

avec :

$$a_n \frac{1}{\pi} \int_{-\pi}^{+\pi} f(x) \cos nx\,dx \;;$$

$$b_n \frac{1}{\pi} \int_{-\pi}^{+\pi} f(x) \sin nx\,dx \;;$$

la formule donnant a_{n} donne également a_0 :

$$a_0 \frac{1}{\pi} \int_{-\pi}^{+\pi} f(x)\,dx \,.$$

Considérons un exemple d'une série de Fourier, le signal "carré" et prenons la fonction $f(x)$ de la figure ci-dessous :

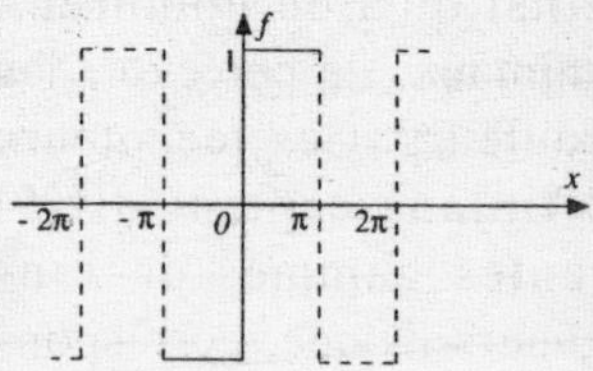

Signal "carré"

L'application des formules ci-dessus donne :

$$a_0 = 0;\; a_n = 0;$$
$$\text{pour } n \text{ pair} : b_n = 0\,;$$
$$\text{pour } n \text{ impair} : b_n = \frac{4}{\pi n}.$$

Finalement :

$$f(x) = \frac{4}{\pi}\left[\sin x + \frac{1}{3}\sin 3x + \right]$$
$$\left[\ldots + \frac{1}{2p+1}\sin(2p+1)x + \ldots\right]$$

avec p entier : $p = 1, 2, 3, \ldots$
On remarque que cette fonction ne possède que des harmoniques impairs

de la fréquence fondamentale.

Réflexion et réfraction de la lumière

Tout objet éclairé ou lumineux émet des rayons qui se propagent en ligne droite dans toutes les directions. Une image se forme si des rayons émanant d'un même point de l'objet se rencontrent, ce qui n'arrive que si un objet, une lentille par exemple, dévie les rayons pour qu'ils convergent. L'image ainsi produite peut être vue sur un écran situé au point de convergence en un seul point précis, l'image obtenue est alors nette ; c'est une image qui est "au point", et il s'agit d'une image réelle. Dans la mesure où les rayons provenant de l'objet sont parallèles, l'image se forme à une distance nommée "distance focale" de la lentille.

En revanche, les miroirs plans fournissent des images que l'on ne peut faire apparaître sur un écran. Dans ce cas, les rayons lumineux sont brisés, mais continuent de diverger au lieu de converger. Néanmoins, notre cerveau interprètent les rayonx lumineux comme si ceux-ci atteignaient l'oeil en ligne droite : c'est la raison pour laquelle nous voyons une image à l'endroit qu'occuperait l'objet si les rayons lumineux n'étaient pas brisés. Les images de cette espèce, appelées "images virtuelles", sont toujours nettes.

Un miroir plan réfléchit tous les rayons lumineux selon un angle de réflexion étant égal à l'*angle d'incidence,* tandis qu'une surface matte disperse la lumière.

Les miroirs courbes produisent des images dont la forme et les dimensions sont modifiées. Un miroir convexe fournit une image virtuelle de dimension réduite. Un miroir concave fait diverger vers l'avant les rayons venant de l'objet, et procure ainsi une image réelle. Si l'objet est très proche, les rayons divergent moins qu'avec un miroir plan : l'image virtuelle se trouve grossie.

LOIS DE LA RÉFLEXION

Les surfaces que l'on rencontre en optique seront considérées comme parfaitement polies si les aspérités qu'elles présentent, c'est-à-dire les écarts entre la surface réelle et la surface géométrique parfaite qu'elle est censée réaliser, sont très inférieures à la longueur d'onde λ de la lumière employée. Ce critère est totalement justifié par l'optique physique. Quand cette condition est remplie, on parle de *poli optique* ou *poli spéculaire*. On appelle *dioptre* une surface qui présente le poli optique séparant deux milieux transparents différents ; on appelle *miroir* une surface présentant le poli optique, recouverte d'un mince dépôt métallique réfléchissant. Dans le cas d'un miroir, la lumière ne peut traverser la couche métallique et est presque entièrement réfléchie (rayon réfléchi).

Les lois de Snell-Descartes concernant la réflexion sont au nombre de deux, et sont valables aussi bien dans le cas d'un dioptre que dans celui d'un miroir :

- le rayon réfléchi est dans le plan d'incidence ;
- l'angle de réflexion est égal à l'angle d'incidence, ce qui se traduit par : $i = i'$.

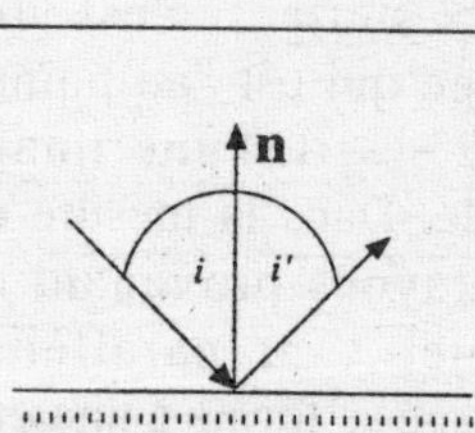

Seconde loi de la réflexion

LOIS DE LA RÉFRACTION

Ces lois sont également au nombre de deux :

- le rayon réfracté est situé dans le plan d'incidence ;
- l'angle d'incidence i ainsi que l'angle de réfraction r sont liés par la relation

$$\sin i = n \sin r$$

où n est l'indice relatif des deux milieux séparés par le dioptre.
En appliquant au phénomène de la réfraction le principe du retour inverse, on se trouve en mesure de donner à cette loi la forme plus symétrique :

$$n_1 \sin i_1 = n_2 \sin i_2$$

où i_1 et i_2 sont les angles que font les rayons incident et réfracté avec la normale au dioptre, n_1 et n_2 des caractéristiques des milieux que l'on appelle *indices absolus* de ces milieux. Il est possible de multiplier chaque membre de la relation précédente par une même constante ; à elle seule, cette relation ne définit donc les indices qu'à une constante multiplicative près.

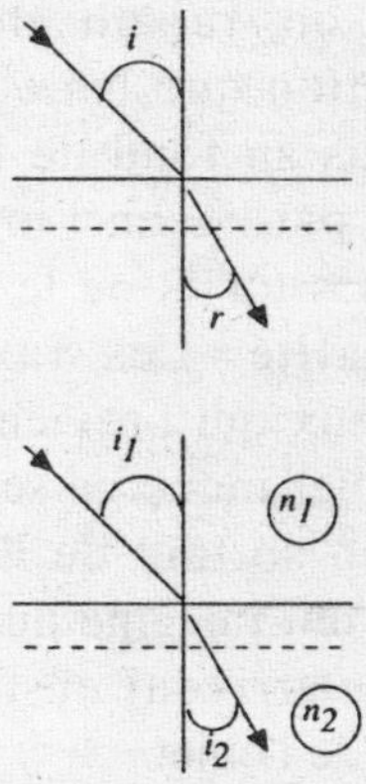

Seconde loi de la réfraction

Par convention, on pose alors que l'indice absolu du vide est égal à l'unité ; la relation encadrée permet de déterminer expérimentalement les indices.

Il est nécessaire de souligner que les indices des substances parfaitement transparentes dans le visible sont supérieurs à l'unité et dépendent de la longueur d'onde de la radiation. Ce phénomène porte le nom de *dispersion.*

C'est en raison de la réfraction que les objets aperçus au fond de l'eau nous paraissent moins éloignés qu'ils ne le sont en réalité. Les rayons lumineux qui proviennent de l'objet immergé se brisent en sortant de l'eau, mais l'œil imagine que les rayons arrivent en ligne droite de l'objet.
Les lentilles sont fondées sur le principe de la réfraction. Elles sont taillées de façon à incurver les rayons lumineux suivant un angle d'incidence donné. Les rayons lumineux qui passent au travers d'une lentille convexe convergent et se rencontrent en un point pour donner une image réelle. Les lentilles concaves font diverger les rayons et produisent de petites images virtuelles.
Une lentille unique peut générer différents types d'aberrations. L'*aberration de sphéricité* donne une image trouble. Les rayons qui traversent le centre de la lentille convergent en un point différent de celui auquel convergent les rayons qui frappent le bord de la lentille et aucun point n'existe, où tous les rayons convergent en un même foyer pour donner une image nette. Si l'on veut diminuer l'aberration de sphéricité, on peut réduire le diamètre de la lentille, de façon à ce qu'aucun rayon ne traverse les bords.

L'*aberration chromatique* se manifeste par des franges de couleurs à la périphérie de la lentille et par le flou de certains secteurs de l'image. Le phénomène se produit avec une seule lentille, celle-ci se comportant comme un prisme et réfractant davantage la lumière bleue que la lumière rouge. Si l'on combine la lentille avec une lentille concave plus faible, fabriquée dans un verre différent, on annule cet effet de dispersion ; les rayons bleus et rouges convergent alors au même foyer, produisant une image plus nette.

INDICE ABSOLU D'UNE SUBSTANCE TRANSPARENTE

L'indice absolu *N* d'une substance transparente est l'indice de cette substance par rapport au vide. Ainsi:

$$N_{\text{verre}} = n_{\text{verre vide}} = \frac{C_{\text{vide}}}{C_{\text{verre}}}.$$

C_{vide} étant une vitesse limite, un indice absolu est toujours supérieur à 1.

L'indice qui correspond à une substance est égal au rapport des indices absolus :

$$n_{2/1} = \frac{c_1}{c_2} = \frac{c_1}{c_{\text{vide}}} \cdot \frac{c_{\text{vide}}}{c_2} = \frac{N_2}{N_1}.$$

La célérité dans l'air est pratiquement égale à celle dans le vide, l'indice absolu d'un milieu transparent est pratiquement confondu avec son indice relatif par rapport à l'air. Nous aurons donc, avec :

$$N_{\text{air}} = \frac{c_{\text{vide}}}{c_{\text{air}}} = 1{,}0003,$$

on a, par exemple :

$$n_{\text{verre/air}} = \frac{N_{\text{verre}}}{N_{\text{air}}} \approx N_{\text{verre}}.$$

INTERFÉRENCES

Les phénomènes dits d'interférence entre les vibrations émises par deux sources sont faciles à mettre en évidence en acoustique, en mécanique. En optique, l'obtention d'interférences est plus difficile et fait apparaître de manière fondamentale la notion de cohérence entre les vibrations qui doivent interférer. Quand on fait des recherches sur les interférences en optique, le principe d'indépendance des rayons lumineux n'est plus valable. Nous ne sommes plus dans le secteur de l'optique géométrique, mais dans celui de l'optique physique où la nature ondulatoire de la lumière joue un rôle primordial.

L'interférence intervient quand deux ondes de même longueur se superposent. Les ondes se combinent alors pour donner une nouvelle onde lumineuse. Si les ondes sont en phase, la nouvelle onde est alors plus brillante que l'onde de départ. Si les deux ondes sont légèrement déphasées, la nouvelle onde est pratiquement semblable aux premières. En revanche, si elles se trouvent en opposition de phase, crêtes et gorges s'annulent, et aucune onde ne se forme, également donc aucune lumière.

Ce phénomène de renforcement ou d'annulation des ondes se nomme *interférence.*

L'interférence ne se produit que si la différence de parcours n'est que d'une longueur d'onde environ ; elle permet donc de déceler de très faibles modifications de la longueur d'onde. Pour cela, on se sert d'interféromètres qui divisent un rayon lumineux en deux ou trois faisceaux pour les faire ensuite se superposer à nouveau.

POLARISATION

Le champ électromagnétique d'un rayon lumineux ordinaire vibre dans divers plans par rapport à la direction de propagation des ondes. Avec la lumière polarisée, cette vibration n'intervient que dans un plan unique. On polarisera la lumière en la faisant passer au travers d'un filtre qui annule l'ensemble des vibrations se manifestant dans un plan autre que le plan de polarisation. Le faisceau polarisé ne pourra alors traverser un second filtre que sous l'angle précis qui favorisera le passage de ces vibrations ; dans une direction perpendiculaire, la lumière est arrêtée. La lumière réfléchie par une surface sous certains angles est en partie polarisée ; les verres optiques qui sont polarisés évitent l'éblouissement en arrêtant les rayons réfléchis suivant ce principe.

Fibres optiques

Les composants les plus couramment utilisés dans les systèmes optiques sont les lentilles, les miroirs et les prismes. Toutefois, depuis l'avénement du laser, les fibres optiques sont devenues des parties fondamentales dans de nombreux instruments, surtout dans les systèmes de communications optiques.

La propagation de la lumière dans une fibre est fondée sur le phénomène de la réflexion totale. Quand un rayon incident SI passe d'un milieu d'indice n_1 dans un milieu plus réfringent d'indice n_0 ($n_0 > n_1$), il se réfracte en se rapprochant de la normale (voir la figure ci-contre, en haut).

Nous savons que l'angle d'incidence i est relié à l'angle de réfraction r par la relation :

$$n_1 \sin i = n_0 \sin r.$$

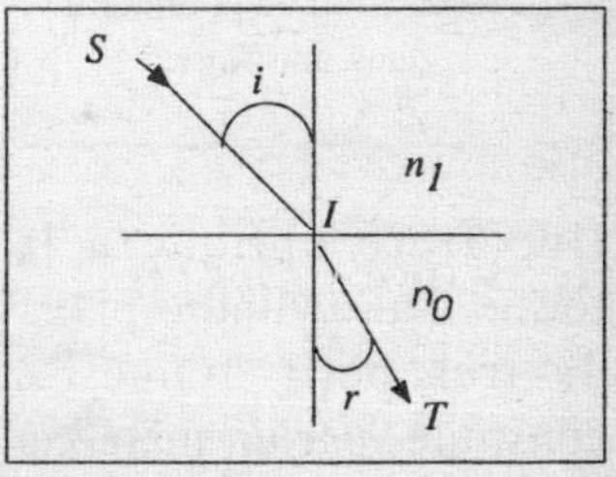

Selon le principe du retour inverse de la lumière, on peut dire que le rayon incident *TI* passe du premier milieu d'indice au second en s'écartant de la normale.

A la valeur maximale $\pi/2$ de l'angle i correspond la valeur maximale r_1 de l'angle r donnée par :

$$\sin r_1 = \frac{n_1}{n_0}.$$

La propagation d'un rayon lumineux dans une fibre est réalisée par des réflexions totales successives tout au long de celle-ci.

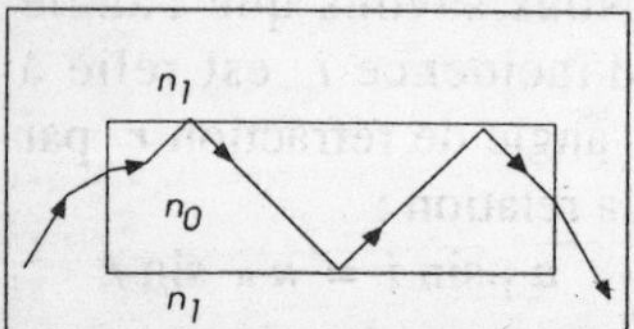

Propagation de la lumière dans une fibre.

Une fibre optique a la forme d'un cylindre plein, de très petit diamètre, constitué par un matériau transparent. Elle est entourée d'une couche d'indice n_1 inférieur au sien afin que la réflexion totale soit possible, comme indiqué ci-dessous :

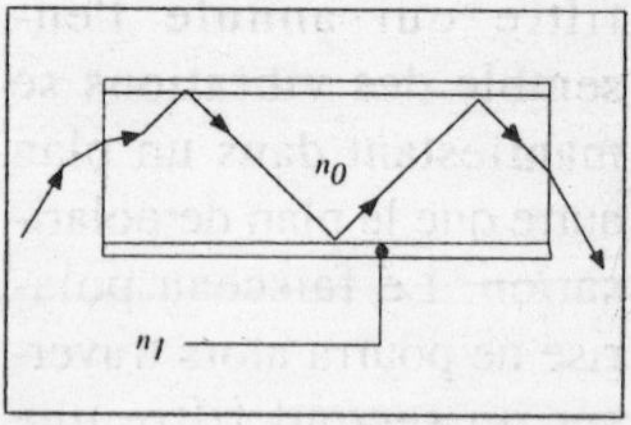

De plus, cette couche a pour but de protéger la fibre et d'éliminer les pertes d'une fibre à l'autre quand des fibres se trouvent en contact.

Les rayons se propagent en dehors d'un plan méridien (plan qui passe par l'axe de la fibre) lorsque le plan d'incidence ne passe pas par l'axe de la fibre. Les fibres ont la possibilité de se courber sans changer la propagation, à condition que la courbure ne soit pas trop importante. Les fibres comme celle de la figure ci-dessus sont dites fibres à *saut d'indice*.

Si l'on veut faire pénétrer la lumière dans une fibre, on concentre le faisceau de lumière émanant de la source sur la face d'entrée de cette fibre grâce à un objectf. Le faisceau incident sur la face d'entrée de la fibre est donc convergent. Mais on peut se demander si l'ensemble des rayons incidents vont pouvoir se propager dans la fibre. Tout alors dépend de l'inclinaison des rayons.

S'il s'agit d'une fibre à saut d'indice, un rayon incident *SI* peut se propager dans celle-ci dans la mesure où il fait avec la normale à la couche d'indice n_1 un angle supérieur à l'angle r_1. Il faut alors que l'angle d'incidence i soit tel que :

$$\sin i < \sqrt{n_0^2 - n_1^2}.$$

Le second membre se nomme l'*ouverture numérique* de la fibre. Tous les rayons qui entrent dans la fibre sous un angle d'incidence inférieur à l'angle i peuvent se propager dans cette fibre. Nombreux sont les rayons d'inclinaison qui pourront se propager dans la fibre. Le zig-zag de ces rayons, ce sont les *modes* de propagation. On trouve des fibres multimodes et des fibres monomodes.

L'étude des modes se fait à partir des équations mathématiques de Maxwell, qui donnent les lois fondamentales de l'électromagnétisme. Il s'agit alors de la propagation d'ondes et non plus de rayons lumineux. Dans une fibre à saut d'indice, le nombre des modes est :

$$2\pi^2\ a^2\left(n_0^2 - n_1^2\right)/\lambda^2$$

où a est le rayon du coeur de la fibre. Le nombre de modes est deux fois plus faible dans une fibre à gradient à l'indice qui se trouve être parabolique.

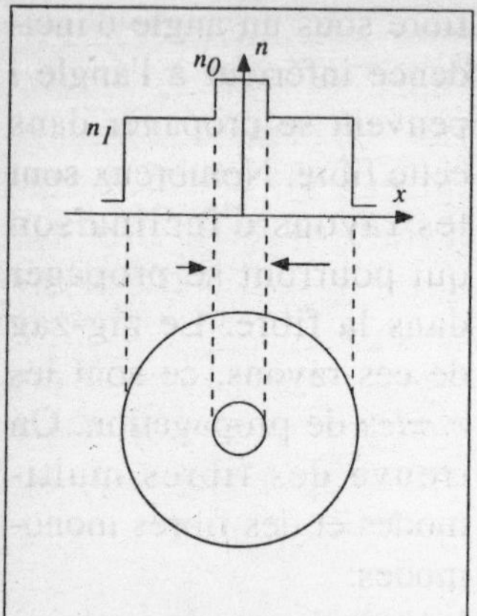

Structure d'une fibre monomode

COMMUNICATIONS OPTIQUES PAR FIBRES

Les transistors ont permis à l'électronique de miniaturiser tous les circuits et d'améliorer les communications dans le secteur des ondes radio. Ce domaine, malheureusement, est très encombré et les communications radio sont saturées. L'utilisation de la lumière comme véhicule d'information s'avère adéquate grâce à sa fréquence élevée qui permet de transporter une très grande quantité d'informations. Les fréquences du spectre visible étant dix mille fois plus grandes que les plus hautes fréquences utilisées dans les communications par radio, la lumière est le support rêvé pour ce qui concerne la transmission des informations.

Deux méthodes existent pour transmettre des messages par fibres optiques : la *méthode analogique* et la *méthode numérique.*

Dans la méthode analogique la plus simple, le signal électrique ininterrompu émanant de la source d'information est transformé directement en variations d'intensité lumineuse du faisceau pénétrant dans la fibre. A la sortie, un photodétecteur convertit les variations d'intensité lumineuse en variations de courant électrique qui se trouve amplifié puis envoyé dans le système d'utilisation, ainsi un écouteur téléphonique.

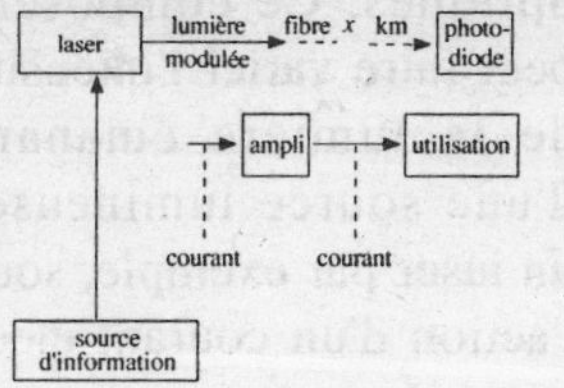

Communications optiques par modulation analogique directe.

Sur la figure ci-dessus, la modulation est réalisée par la source lumineuse, elle-même sous l'action du courant provenant de la source d'information. C'est la modulation dite directe.

Si la source émet un faisceau d'intensité constante et si un modulateur de lumière module l'intensité de ce faisceau, on obtient un module externe.

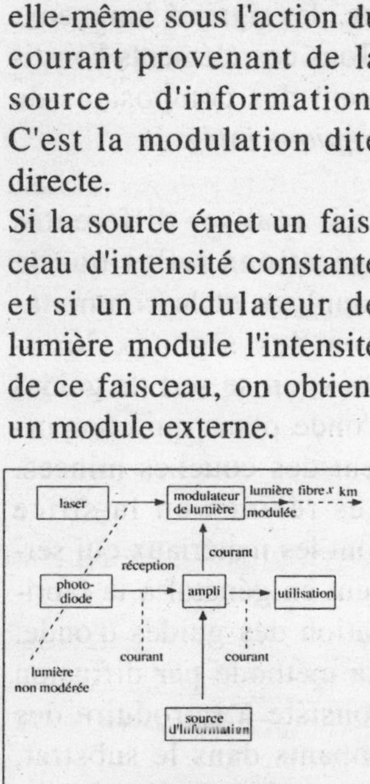

Communications optiques par modulation analogique externe.

Pour que le rapport entre signal et bruit soit meilleur, le signal analogique émanant de la source d'information module un signal électrique sinusoïdal (appelé *sous-porteuse*) avant d'être envoyé dans le système qui transforme les signaux électriques en signaux optiques. Ainsi, le signal analogique électrique module en fréquence la sous-porteuse comme dans les postes radio à modulation de fréquence.

Dans la méthode numérique, le signal électrique émanant de la source d'information est échantillonné dans le temps à des instants réguliers. Ces signaux discrets, qui remplacent le signal continu, sont traduits en numération binaire : le chiffre 1 correspond à une impulsion lumineuse et le chiffre 0, à l'absence d'impulsion. Le 1 et le 0 peuvent être représentés de plusieurs façons par des impulsions afin de faciliter la transmission. On dit alors que les impulsions sont *transcodées*. Si *a* est une unité arbitraire, les impulsions qui représentent la 1 et le 0 sont, par exemple, celles que l'on peut voir ci-dessous :

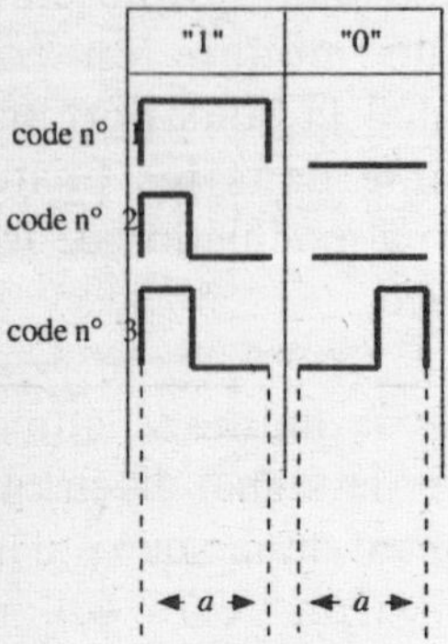

Codes utilisés dans la méthode numérique.

En plus des sources et des récepteurs, le modulateur de lumière constitue un élément important des systèmes de communications optiques. Ce composant peut faire varier l'intensité de la lumière émanant d'une source lumineuse, un laser par exemple, sous l'action d'un courant électrique émis directement ou indirectement par la source d'information. Comme on le réalise en électronique, des éléments optiques peuvent amplifier, moduler, commuter, etc., les signaux lumineux. Tous ces éléments constituent des composants de l'*optique intégrée.*

Pour réaliser différentes opérations telles que le couplage et la commutation des signaux lumineux, on se sert de guides d'onde plans qui comportent des couches minces. Les résines ou la silice sont les matériaux qui servent en général à la fabrication des guides d'onde. La méthode par diffusion consiste à introduire des dopants dans le substrat, en mettant celui-ci en contact avec une phase chimique contenant les ions que l'on veut faire diffuser. Dans la méthode par implantation, le substrat est bombardé par des ions accélérés dans la région où l'on veut réaliser le guide.

Pour donner la forme voulue au guide d'onde, on combine les méthodes précédentes avec des masques adéquats. Si l'on désire créer un guide par modification d'indice dans un substrat, on dépose d'abord une mince couche de résine sur le substrat. Cette couche se trouve irradiée par un faisceau d'électrons dans la région où l'on veut réaliser le guide. Puis on dissout la région irradiée et on bombarde par des ions accélérés. Après implantation des ions, la résine est dissoute.

L'introduction de la lumière dans un guide d'onde peut être réalisée de plusieurs façons. La fibre qui conduit la lumière est placée dans l'alignement du guide. On peut également faire converger la lumière dans l'entrée du guide avec un objectif de courte focale. Quand la lumière entre dans un prisme rectangle isocèle par la face hypoténuse, elle subit la réflexion totale sur l'une des faces de l'angle droit. Toutefois, si cette face est située contre le guide, une partie de la lumière passe dans ce guide. Cet effet, dû aux *ondes évanescentes,* est appelé *effet tunnel optique,* par analogie avec l'effet tunnel en mécanique quantique.

Le *multiplexage* est une opération qui consiste à injecter simultanément plusieurs longueurs d'onde dans la même fibre. Ce qui engendre une augmentation de la quantité d'information transmise. La séparation des longueurs d'onde à la réception se fait soit par des filtres interférentiels, soit par des réseaux.

RÉPÉTEURS

S'il s'agit de transmettre à de très grandes distances, à des centaines de kilomètres par exemple, il n'est pas possible de réaliser la liaison avec une fibre unique. On introduit des stations relais qui sont là pour recevoir le signal dégradé, de l'amplifier et de le remettre en forme avant de l'envoyer dans la fibre suivante. La lumière modulée d'une fibre *A* est reçue sur un détecteur qui transforme le signal lumineux en signal électrique.

MÉCANIQUE QUANTIQUE

LES PARTICULES QUANTIQUES : ONDES ET/OU CORPUSCULES

La physique classique (pré-quantique) discerne essentiellement deux catégories d'objets : les corpuscules et les ondes. Les premiers sont des entités discrètes, localisables de façon précise dans l'espace à tout instant. Les règles de physique usuelle leur sont applicables. Ainsi, il est possible de décrire leur trajectoire, de calculer leur vitesse, leur énergie ou leur quantité de mouvement. Quant aux ondes classiques, elles décrivent des phénomènes non localisés, continus et occupant tout l'espace. Elles se superposent, générant ainsi des interférences.
La mécanique quantique a procédé à une remarquable unification des deux catégories d'objets. Pour elle, une particule, que l'on appelle particule quantique, est à la fois onde et corpuscule. L'électron ou le photon, par exemple, constituent de telles particules.

Une expérience conceptuelle très simple permet d'introduire cette unification. Le dispositif est constitué d'une source S, d'une paroi P percée de deux trous T_1 et T_2 et d'un écran récepteur E. Les deux trous sont nommés trous de Young en référence à Thomas Young et à sa célèbre expérience des fentes de Young de 1803, sur laquelle nous reviendrons.

Nous allons maintenant envisager trois cas.

Dans le premier cas, S émet des corpuscules classiques. Imaginons, par exemple, une mitrailleuse, sur un trépied, tirant de manière désordonnée dans toutes les directions. La paroi blindée P arrête les balles, et seuls les trous leur permettent d'atteindre éventuellement l'écran. Si l'on ferme le second trou, les points d'impact des balles passées par le premier trou forment une tache non homogène et quelque peu élargie par l'effet des bords du trou sur les balles tangentes. Un résultat analogue se produit si le second trou seul est ouvert. Dans chacun de ces cas, les répartitions des balles sur l'écran sont représentées par deux courbes I_1 et I_2. Dans la mesure où les deux trous sont ouverts, on obtient une courbe de répartition qui n'est autre que la somme des courbes précédentes. En effet, bien que ces courbes soient continues, puisqu'elles donnent le nombre moyen de balles parvenant en chaque point de l'écran, le phénomène est corpusculaire, donc discontinu. Le nombre de balles en un point de l'écran est bien la somme du nombre des balles passées par l'un *ou* par l'autre des trous.

Supposons maintenant que la source S émettent des ondes classiques, par exemple des ondes sonores. Un microphone se déplace sur l'écran E et a pour mission de mesurer l'intensité sonore. Laissons tout d'abord le premier trou seul ouvert ; aux effets de diffraction par les bords près, le son ne parviendra sur l'écran que dans la zone qui se trouve sur la ligne ST_1. Le résultat sera le même si le deuxième trou seul est ouvert. Mais si l'on ouvre les deux trous, on obtient un phénomène tout différent : l'intensité I_{12} présente des maximums et des minimums successifs sur l'écran et n'est donc pas la somme $I_1 + I_2$. L'onde, en effet, est un phénomène non localisé et passe *à la fois* par les deux trous.

Dans le cas de l'onde, il

s'est produit un phénomène d'interférences. L'amplitude arrivant sur l'écran résulte de l'addition des amplitudes transmises par les deux trous. Comme, en général, les chemins parcourus depuis les deux trous diffèrent, les deux ondes sont décalées. Lorsqu'elles sont en phase, nous avons un maximum, lorsqu'elles sont en opposition de phase, un minimum. Ces interférences correspondent à la continuité du phénomène ondulatoire qui se propage de la source à l'écran par l'un *et* l'autre des trous (au lieu du *"ou"* disjonctif du cas corpusculaire).

Plaçons-nous maintenant dans le cas d'une source lumineuse placée en S, avec, en guise d'écran E, une plaque photographique. Lorsque l'intensité de la source lumineuse se trouve être forte, alors une alternance de plages sombres et de plages claires (les franges d'interférence) se développe sur la photo. Ce qui traduit une interférence d'ondes lumineuses. Mais si l'on diminue considérablement l'intensité de la source lumineuse (par exemple, au moyen de filtres absorbants), les franges d'interférences demeurent sur la plaque photographique, mais l'intensité lumineuse présente un caractère *discontinu*. Le flux lumineux est donc constitué d'entités individuelles : ce sont les photons. On peut conclure que photons et électrons ne sont assimilables ni aux corpuscules, ni aux ondes de la mécanique classique. Il y a combinaison entre un aspect ondulatoire et un aspect corpusculaire. C'est Einstein qui a démontré, en 1905, l'aspect corpusculaire de la lumière. Young en avait montré l'aspect ondulatoire un siècle plus tôt.

Cette double apparence des particules se traduit par une formule fondamentale que nous devons à Planck et Einstein ; elle établit une liaison entre l'énergie E de la particule, considérée comme corpuscule, et sa fréquence *v*, puisqu'elle peut aussi être décrite comme une onde.

> $E = h\nu$
> où h est une constante universelle,
> la constante de Planck.

Puis ce fut Louis de Broglie qui associa à la matière ce qu'il appela des "ondes matérielles". Remarquons que l'aspect ondulatoire ne se manifeste que pour les objets dont la dimension est faible par rapport à la longueur d'onde de l'"onde de matière" qui lui correspond.

Cette dualité onde-corpuscule engendre bien évidemment un grand nombre de problèmes nouveaux et essentiels. Ainsi le problème de la mesure, qui se pose dans toute son acuité. Une *particule quantique* ne peut plus, à l'instar des corpuscules classiques, se localiser de façon précise à tout instant. Le formalisme mathématique, quant à lui, se complique de manière extrême.

On peut se demander pourquoi la mécanique quantique peut être présentée comme une véritable théorie physique.

Essentiellement pour deux raisons : en 1927, d'une part, la "nouvelle théorie des quanta" permet de déterminer les frontières du domaine où son application est nécessaire, ou, ce qui revient au même, les limites de validité de la mécanique classique ; d'autre part, elle en mesure de proposer une interprétation satisfaisante de ses paradoxes. Werner Heisenberg obtint cette même année un résultat essentiel. C'est le *principe d'indétermination.*

L'une des applications qui découlent des investigations de Heisenberg a trait au problème fondamental de la physique atomique. Il s'agit d'expliquer la stabilité des atomes, à savoir l'existence d'un état d'énergie qui est minimale. Classiquement, nous avons une gamme continue d'énergies possibles pour un système de charges électriques liées par les forces électrostatiques. Prenons le cas le plus simple, celui d'un atome d'hydrogène. Il est constitué d'un seul électron retenu par l'attraction coulombienne d'un proton; les orbites classiques de l'électron pourraient donc être aussi proches que l'on veut du proton, lui donnant des énergies potentielles négatives sans borne inférieure (les forces électrostatiques s'accroissent comme le carré de l'inverse de la distance entre les particules quand celles-ci se rapprochent, et l'énergie potentielle comme l'inverse de cette distance).

Mais cette énergie potentielle, de plus en plus basse puisqu'elle correspond à des orbites électroniques de plus en plus petites, donc à une extension spatiale de plus en plus faible de l'électron, implique une extension en quantité de mouvement de plus en plus grande selon les théories de Heisenberg et entraîne une valeur de plus en plus élevée pour l'énergie cinétique. L'énergie totale de l'électron, qui comporte deux termes, l'énergie cinétique et l'énergie potentielle, qui varient en sens inverse, peut ainsi être bornée inférieurement dans la région où ni l'un ni l'autre des deux termes ne l'emporte vraiment sur l'autre. Ce raisonnement se formalise en écrivant l'énergie totale de l'électron de façon classique :

$$E = \frac{p^2}{2\,\mathrm{m}} - \frac{e^2}{r},$$

où e et m sont la charge et la masse de l'électron, p sa quantité de mouvement et r sa distance au noyau.

La méthode utilisée par la nouvelle mécanique consiste à essayer d'introduire les notions par une analyse précise de ce qui est "essentiellement observable". Cette réduction aux grandeurs observables est généralement considérée comme une profession de foi positiviste. En fait, c'est une méthode heuristique, imposée par les circonstances. Comme le font remarquer Heisenberg et un autre physicien, Born, il ne faut en aucun cas établir en principe qu'il serait possible et même nécessaire d'obtenir une solution de continuité entre ce qui est "observable" et ce qui est " inobservable". En effet, dans une théorie déjà constituée, la limite entre ce qui est observable et ce qui ne l'est pas devient tout à fait indéterminée. Mais lorsqu'une théorie est encore en train de s'élaborer, c'est normal de faire table rase des idées fausses et des anciens préjugés en ne conservant que les observations.

En tant que théorie physique, la mécanique quantique se présente comme à la fois "intuitive" et "complète". Elle est intuitive *parce qu'elle* est consistante. Le caractère intuitif de la théorie est d'ordre abstrait et logique : aux images physiques sensibles, la physique des phénomènes atomiques implique que l'on remplace un "concret" de nature mathématique.

Par ailleurs, la théorie est complète, car elle permet de prédire sans ambiguïté les résultats de l'ensemble des expériences imaginables dans son domaine. De la même façon, la complétude n'est donc pas conférée à la théorie du fait que cette dernière refléterait exactement tous les aspects du réel, mais parce que dans son domaine d'objets propre, elle peut donner une réponse à toutes les questions formulables.

Le déterminisme qui régnait jusqu'alors comme fondement des sciences exactes de la nature ne peut plus être admis sans conteste : il y a une indétermination des formules de la mécanique quantique.
Ce qui ne veut pas dire imprécision : chaque grandeur caractéristique des phénomènes atomiques prise séparément peut être mesurée et définie avec la plus extrême précision comme dans la théorie classique ; mais si l'on veut mesurer en même temps des grandeurs dont les opérateurs ne sont pas permutables, on ne peut alors descendre au-dessous d'une certaine limite.

La différence entre la mécanique classique et la mécanique quantique découle directement du principe d'indétermination. Ce principe n'est pas utilisé en mécanique classique, et on admet la possibilité en droit de déterminer avec une précision totale l'état initial. En mécanique quantique, on est restreint par la condition d'indétermination à ne pouvoir déterminer que la variation des fonctions de probabilité, qui sont changées à chaque expérience. Selon les théories de Born et de Heisenberg, la nouvelle mécanique quantique se présente comme une théorie physique achevée : elle comporte un système de principes simples et rattachés directement aux observations.

Albert Einstein

Einstein, le véritable fondateur de la mécanique quantique ne lui a pas ménagé ses critiques ce qui, pour de nombreux scientifiques, l'a fait passer pour un physicien d'une autre époque. Cela relève de l'imagerie d'Epinal.

Non sans une certaine provocation, Einstein se dit "spéculatif", c'est-à-dire que, pour lui, la théorie est une construction abstraite qui ne sort pas logiquement des faits, qui est inventée par la pensée, et seulement ensuite confrontée aux faits.

Nous sommes amenés à nous interroger sur ce que fut son attitude réelle dans ses premiers travaux et sur la nature ultérieure des objections qu'il a portées à l'encontre de la mécanique quantique formée en loi fondamentale.

En 1900, Max Planck avait introduit le quantum élémentaire d'action, c'est-à-dire la discontinuité dans les phénomènes de rayonnement d'énergie lumineuse par des atomes. Ce fut, en physique, la première hypothèse quantique.

Les premières investigations d'Einstein sur les quanta n'ont que peu de rapport avec celles de Planck. On les a souvent fait correspondre à un travail empirique, relatif à un phénomène bien précis, voire pratique, l'effet photoélectrique. Cependant, la théorie de l'effet photoélectrique n'est qu'une conséquence d'une relation théorique plus générale, celle qui précise que l'énergie du rayonnement elle-même est discontinue.

L'idée que le rayonnement est quantifié était si contraire à la théorie électromagnétique-sur laquelle Einstein lui-même fonda, en opposition à la mécanique classique, sa théorie de la relativité restreinte - qu'elle ne pouvait s'imposer que progressivement, à mesure que s'éclairait l'exigence des changements théoriques requis.

Rappelons que le terme "relativité" recouvre deux concepts très différents. Celui de relativité restreinte précise la structure cinématique de l'espace-temps. Puis, la relativité restreinte est devenue le cadre général de la description de toutes les autres lois fondamentales de la nature, à l'exception de la gravitation dont la formulation constitue le domaine de la relativité générale. Ces relativités spécifient aussi la classe d'observateurs pour lesquels les lois dynamiques sont valables. Sans une telle cinématique, les lois dynamiques resteraient vides.

La démarche d'Einstein est indirecte : il prend pour point de départ non pas les données expérimentales, mais les théories fondamentales qui sont à sa disposition - pour le rayonnement, ce sont l'électromagnétisme et la thermodynamique. Il recherche les conséquences logiques, sur les phénomènes considérés, des théories en vigueur, que celles-ci soient les théories de la physique classique quand on les applique à des phénomènes nouveaux, ou qu'elles soient les théories nouvelles qui prétendent se substituer aux précédentes.
Le calcul thermodynamique simple qu'il fit sur le rayonnement le conduisit à constater que la formule qui lui donnait l'énergie du rayonnement était la même que celle donnant l'énergie d'un gaz de particules. Il en conclut donc que l'énergie du rayonnement avait une structure granulaire (quantifiée), ce qui allait bien au-delà des conclusions de Planck.

Par la suite, Einstein élargit le domaine d'application de l'hypothèse des quanta à la structure moléculaire des corps. Il élabora une théorie des chaleurs spécifiques où la quantité h gouverne les échanges d'énergie. Il s'agissait là d'un véritable renversement de point de vue : car les phénomènes de rayonnement découlaient désormais de la théorie des vibrations atomiques, ce qui correspondait à une simplification de la situation théorique, et la rapprochait d'une perspective fondamentale.

Dans une autre direction, Einstein établit la dualité du rayonnement : celui-ci se trouvait être par certains côtés de nature ondulatoire, et par certains autres côtés de nature corpusculaire, ou mieux de nature "quasi-corpusculaire". En effet, Einstein considérait la formule de l'énergie (E = hν) comme analogue à celle d'une particule.
Mais il n'avait pas encore épuisé toutes les possibilités des calculs de probabilités et de fluctuations. Il étudia le comportement statistique des particules de spin entier tel le photon (pour parvenir à une meilleure interprétation de la structure des raies spectrales des atomes à plusieurs électrons, on admet que chaque électron d'un atome, outre son mouvement orbital autour du noyau, est animé d'un mouvement de rotation propre ou *spin*), ce qui équivalait implicitement à une généralisation de la dualité onde-corpuscule aux particules matérielles. Mais c'est de Broglie qui exprima celle-ci dans toute sa généralité et qui en élabora la théorie.

Louis de Broglie

En prolongeant les idées d'Einstein sur les propriétés corpusculaires de la lumière, Louis de Broglie, en 1923, réussit la paradoxale synthèse consistant à étendre aux particules matérielles le dualisme onde-corpuscule, valable dans les théories de la lumière. Ainsi naît une mécanique ondulatoire qui lie la propagation d'une onde au mouvement de toute particule de matière.

Tout au long de son histoire, l'optique a été dominée par le dualisme fameux : la lumière est-elle d'origine corpusculaire (se réduit-elle à un ensemble de particules spécifiques ?), ou bien a-t-elle besoin d'une genèse ondulatoire (est-elle composé d'une série de vibrations d'un milieu spécifique comme l'éther ?). La solution de Louis de Broglie semble paradoxale à maints égards. Il est nécessaire en effet d'étendre l'optique au domaine des particules matérielles :

"A toute particule matérielle de masse m et de vitesse v doit être "associée" une onde réelle de longueur d'onde $\lambda = mv$ (1)."

Cette proposition révolutionnaire fait appel à des principes provenant à la fois de la relativité restreinte et de la mécanique. Selon la relativité restreinte, la phase d'une onde de Fresnel doit être invariante, à savoir indépendante du système de référence galiléen dans lequel elle se trouve exprimée. A cette fin, il faut que la quantité de mouvement :

$$p = W/c = h\nu/c = h/\lambda \qquad (2)$$

correspondant alors à l'énergie $W = h\nu$ de l'onde, c'est-à-dire à la fréquence ν et à la longueur d'onde λ, se transforme comme le ferait la quantité de mouvement :

$$p = mv \qquad (3)$$

d'un corpuscule de masse m et de vitesse v. Imaginons que l'analogie que traduit cette transformation corresponde à une véritable parenté physique, Louis de Broglie est amené à identifier (2) et (3), c'est-à-dire à poser :

$$mv = h/\lambda. \qquad (4)$$

Tout se passe comme si la petitesse de la constante de Planck *h* parvenait à voiler, dès lors que la masse du corpuscule est assez importante, son aspect ondulatoire caractérisé par la longueur d'onde.
C'est donc seulement pour les particules de masses et de vitesses assez faibles que pourrait se manifester la présence de l'onde associée imaginée par Louis de Broglie.

Plus tard, on mettait en évidence la diffraction d'ondes associées à des particules plus lourdes, protons et neutrons. Les fondements de la microscopie électronique et protonique étaient ainsi établis. Enfin, toutes les expériences que l'on était en mesure de réaliser en optique physique pouvaient être effectuées sur l'onde associée à la propagation de particules matérielles.
Dès lors, on est amené à remarquer :
- soit que la réalité physique est seulement de nature ondulatoire, le corpuscule constituant un "paquet d'ondes" ;
- soit que la nature présente à la fois ce double aspect ondulatoire et corpusculaire, l'onde réelle guidant le corpuscule dans son voyage (onde pilote), ou bien encore (théorie de la double solution) s'incarnant dans une onde réelle et singulière doublée par une représentation statistique régulière, solution de l'équation d'Erwin Schrödinger ;
- soit enfin que le caractère de l'onde demeure purement statistique et peut éventuellement décrire des probabilités de localisation ainsi que l'état de mouvement dans l'espace-temps.
En 1934, Louis de Broglie élabore une théorie de la lumière, généralisant au photon, particule de spin 1, les équations relativistes proposées par Dirac

dans le cas de l'électron. Cette conception implique que le photon, qui a une masse propre, est constitué par une espèce de "fusion" à partir de deux particules de spin 1/2. La théorie de la fusion était alors en mesure de se généraliser à toutes les particules de spin entier (bosons) ou demi-entier (fermions).

En 1935, Einstein prit parti contre l'interprétation statistique du comportement des particules dans l'espace-temps. Aussi, pour lui, la mécanique quantique devient une théorie incomplète. Louis de Broglie essaie alors d'exprimer la dualité onde-corpuscule grâce à une théorie causale dont la mécanique quantique représenterait la version statistique.

Il va ainsi transformer sa théorie de la double solution en y ajoutant différents développements, en particulier la non-linéarité des équations auxquelles devrait alors satisfaire l'onde, ce qui permet de traduire une dépendance nécessaire entre les phases de l'onde singulière réelle et de l'onde de probabilité. Par ailleurs, l'introduction d'éléments aléatoires serait assurée par des interactions entre le corpuscule et un milieu subquantique. Aussi, même dans le cas d'une particule unique, la notion de fluctuation statistique pourrait-elle être consacrée.

Mécanique quantique et relativité

Jusqu'en 1927, aucun physicien n'a fait aboutir la délicate association de la théorie des quanta et de la relativité. Mais, vers les années trente, Pascual Jordan et Paul Dirac entrent en scène. L'idée que l'on se fait de la matière va encore se transformer.

A la fin de 1925, Jordan entreprit de quantifier le rayonnement, à savoir d'appliquer à la théorie classique (de Maxwell) du rayonnement les recettes mathématiques générales d'élaboration d'une théorie quantique issue de la théorie classique correspondante.

Les équations de Maxwell du champ électromagnétique dans une cavité réfléchissante sont, du point de vue mathématique, tout à fait identiques aux équations du mouvement d'une infinité de ressorts de fréquence qui varient continûment de zéro à l'infini. De tels ressorts idéaux, encore appelés oscillateurs harmoniques, constituaient l'objet d'investigation le plus simple de la nouvelle mécanique. Selon Heisenberg, leur énergie devrait être représentée non plus par un nombre, mais par une matrice, à savoir un tableau de nombres dont les éléments diagonaux étaient interprétés comme les valeurs possibles de l'énergie :

> O, $h\nu$, $2h\nu$, $3h\nu$,... h désignant la constante de Planck et ν la fréquence de l'oscillateur.

On obtint donc la structure discontinue du rayonnement grâce à l'application intégrale des règles de la toute nouvelle mécanique quantique au champ électromagnétique de Maxwell.

En quantifiant le champ électromagnétique, Jordan élucida cette mystérieuse indiscernabilité et la transition vers le concept moderne de particule quantique comme unité d'excitation de champ.

Au départ, cette notion de champ quantique fut généralement jugée trop audacieuse. Le jeune physicien britannique se passionna pour le travail de Heisenberg, et pensa que les équations de la nouvelle mécanique quantique et de la mécanique classique devaient être les mêmes. Sauf que les positions et les vitesses des objets classiques n'étaient plus des nombres ordinaires ; elles devenaient des "q-nombres", entités symboliques dont le produit ne commute pas. En fait, Dirac saisissait alors l'approche de Heisenberg mieux que Heisenberg lui-même.

Dirac se trouvait ainsi le mieux placé pour étendre le champ d'application des règles de la nouvelle mécanique. Il pensa à quantifier les ondes électromagnétiques et, mieux encore, le système complet constitué par les atomes et le champ de rayonnement en interaction. Le résultat fut impressionnant : sans aucune hypothèse supplémentaire artificielle, cela impliquait les trois processus fondamentaux d'interaction atome-rayonnement:

- émission spontanée dans le vide : un atome excité, isolé, émet un quantum lumineux dans l'état de vide du rayonnement ;
- absorption : un atome capte un quantum lumineux ;
- émission induite : un atome émet un quantum lumineux sous l'effet de quanta identiques déjà existants dans le champ.

Il s'agissait maintenant de produire une généralisation relativiste de la mécanique quantique des électrons et des protons, à savoir des particules chargées libres.

Dirac, qui s'était toujours passionné pour la relativité, va aborder le problème avec un atout d'importance : il avait pu préciser l'interprétation du formalisme quantique et la forme générale des équations qui sont comparables avec cette interprétation. L'équation fondamentale de la dynamique relativiste d'Einstein :

$$E^2 = p^2 c^2 + m^2 c^4$$

reliant l'énergie E d'une particule à la masse m et à sa quantité de mouvement p, ne pouvait trouver place dans la mécanique quantique de Dirac parce qu'elle faisait intervenir le carré de l'énergie.

Dirac se tourna alors vers une équation du premier degré du type E = ap + bm dont le carré redonne l'équation d'Einstein. Mais il s'avéra nécessaire que les constantes a et b soient des tableaux de nombres, et non pas des nombres simples. Cette richesse supplémentaire donnait le spin de l'électron et la position exacte des niveaux de l'atome d'hydrogène.

Avec la théorie et l'équation de Dirac, on pouvait maintenant élaborer une théorie quantique entièrement relativiste de l'interaction entre rayonnement et particules chargées.

La matière aussi bien que le rayonnement devaient être représentés par des ondes quantifiées dans l'espace-temps : les particules de matière devaient être les quanta du champ de Dirac. Il était nécessaire de considérer la structure discontinue de la matière telle une conséquence de la méthode mathématique générale de quantification, appliquée à la notion classique de champ.

Toutefois, les difficultés ne manquèrent pas.

L'équation de Dirac, tout d'abord, comme toute équation d'onde relativiste, a des solutions mathématiques qui correspondent à des états d'énergie négative de l'électron. En effet, l'équation d'Einstein

$$E^2 = p^2 c^2 + m^2 c^4$$

a, pour solutions,

$$E = + \sqrt{p^2 c^2 + m^2 c^4}$$

et la valeur négative

$$E = - \sqrt{p^2 c^2 + m^2 c^4}.$$

Un électron sans énergie positive devrait par conséquent descendre indéfiniment vers les énergies négatives en émettant des photons. La matière chargée serait alors fondamentalement instable, ce qui ne correspond pas du tout à la réalité. Dirac résolut ce paradoxe : il savait, selon le principe d'exclusion de Pauli (qui interdit à deux électrons d'un même atome d'avoir tous leurs nombres quantiques identiques), qu'un niveau d'énergie ne peut être occupé que par un seul électron. Dans la mesure, donc, où l'on "remplissait" tous les niveaux d'énergie négative de l'équation de Dirac par des "électrons" dits inobservables, la chute indéfinie des électrons d'énergie positive observés dans la nature n'était plus possible.

Une autre difficulté prit beaucoup de temps à être résolue : là où l'on recherchait des quantités finies mesurables, on trouva, en appliquant les règles de l'électrodynamique quantique, des quantités infinies. Dans l'électrodynamique quantique qui ne prend en compte, par hypothèse, que des électrons ponctuels, cette inévitable auto-interaction est infinie et rend caduque toute la théorie. Progressivement, différents physiciens trouvèrent la façon de remédier à ces infinis, qu'on appelle opération de *renormalisation.*

En interprétant les particules comme des excitations de champs, la théorie quantique relativiste permit de comprendre les réactions entre particules comme des transferts d'excitations entre différents champs fondamentaux, et d'évaluer précisément leurs probabilités.

L'idée d'une matière permanente formée de particules indestructibles et individualisées avait définitivement vécu.

SEMI-CONDUCTEURS

SEMI-CONDUCTEURS

Les semi-conducteurs sont des corps solides dont la conductivité électrique se situe entre celle des métaux et celle des isolants. Cette conductivité est très variable d'un corps à un autre et, pour un solide donné, est fonction de la température et de la pureté chimique.
Les métaux comme le cuivre ou l'aluminium sont de bons conducteurs électriques. Le verre, le caoutchouc et la plupart des matières plastiques sont des isolants, car ils sont mauvais conducteurs. Mais certains matériaux comme le silicium, le germanium, le sélénium et les composés binaires (arséniure de gallium, antimoniure d'indium et phosphure de gallium) ne sont ni bons, ni mauvais conducteurs : ce sont des semi-conducteurs.
Leur importance tient essentiellement à la découverte de l'*effet transistor* dans ces corps, ce qui a bouleversé l'industrie des composants électroniques. Les qualités majeures de ces composants sont leur fiabilité et leur faible consommation.

Dans un semi-conducteur, les atomes perdent facilement un électron, ce qui permet à un électron d'un atome voisin de venir se substituer à lui. Le processus d'échange d'électrons se poursuit, la charge de l'ensemble demeurant nulle ou électriquement neutre.

Toutefois, en ajoutant des atomes différents (sous forme d'impuretés, par exemple) ayant chacun un électron de plus, une matière totalement nouvelle est créée. Un seul de ces nouveaux atomes (tel que phosphore ou arsenic) pour cent milliards d'atomes de germanium ou de silicium suffit pour donner un corps semiconducteur de type appelé *n* dans lequel un petit nombre d'électrons "en trop" suffisent pour transporter un courant.

Mais l'inverse peut se produire si l'on fabrique un corps en déficit d'électrons en ajoutant des atomes ayant chacun un électron de moins. Le gallium, l'indium sont ajoutés au germanium ou au silicium dans des proportions aussi réduites que précédemment. Le corps semiconducteur est alors du type *p*. Aussi bien dans le premier type (négatif) que dans le second (positif), les électrons qui interviennent dans la création d'un type précis de semiconducteurs dépendent de la valence-nombre d'électrons de la couche externe de l'atome.

Dans les semi-conducteurs de type négatif, le surplus d'électrons pousse les électrons à circuler, tandis que, au sein du type positif, le surplus de "trous" oblige les électrons à s'arrêter.

Dans les semi-conducteurs, le courant électrique correspond à un écoulement des électrons négatifs de la bande de conduction ou des trous positifs de la bande de valence. Ce courant est mesuré par le débit de particules multiplié par leur charge électrique. Le débit par unité de surface d'un flux de particules est donné par la densité *n* de ces particules multipliée par leur vitesse d'écoulement *v*, la densité de courant électrique étant donnée par la formule :

$$j = -ne\,v_n + pe\,v_p$$

où *e* est la valeur absolue de la charge électronique, où v_n et v_p sont, respectivement, les vitesses d'écoulement des électrons et des trous.

Les vitesses sont transmises par l'application d'un champ électrique **E.** Tant que ce champ électrique est faible, le solide suit la loi d'Ohm, c'est-à-dire que le courant est proportionnel au champ **E.** Le seul paramètre qui dépend du champ électrique est la vitesse des porteurs, et on pose :

$$v_n = -\mu_n \mathbf{E},$$
$$v_p = \mu_p \mathbf{E},$$

μ_n et μ_p étant les *mobilités* des électrons et des trous.
On pose alors la formule de la conductivité d'un matériau :

$$\sigma = e(n\,\mu_n + p\,\mu_p).$$

Quant aux dispositifs à semiconducteurs, la jonction n-p est constituée d'un cristal dont une partie a été dopée n et l'autre dopée p, les deux parties étant séparées par un plan dit de jonction.

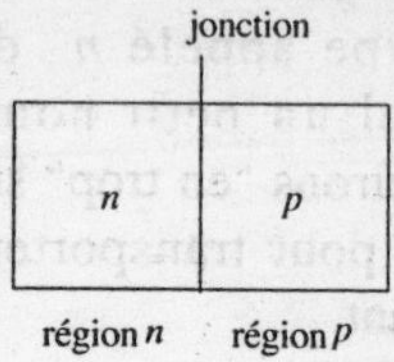

Schéma de la jonction

Si l'on sépare la jonction en deux parties et qu'on relie la région n au pôle négatif d'un générateur et la région p au pôle positif (polarisation directe), les électrons libres de la première région et les trous libres de la seconde région vont vers la jonction, étant donné le sens de polarisation.

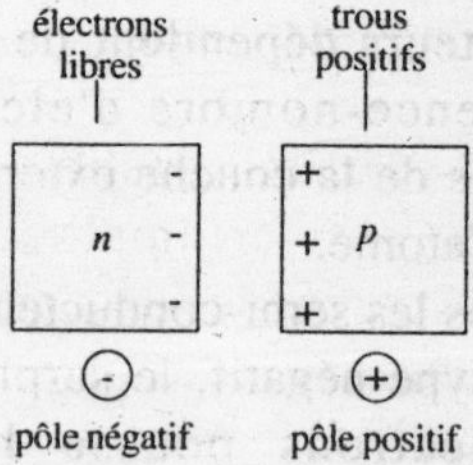

Jonction polarisée en direct

Si l'on polarise la jonction en sens inverse, les électrons allant vers la pôle positif et les trous vers le pôle négatif, ils vont s'éloigner de la jonction, laissant dans le voisinage de celle-ci des charges dues aux impuretés ionisées. Si l'on met les deux parties en contact, on obtient à proximité une région isolante, et la résistance du dispositif en polarisation inverse sera donc très élevée. La jonction *n-p* joue alors le rôle de *redresseur* laissant passer le courant électrique en polarisation directe et présentant une très forte résistance en polarisation inverse.

Transistor

Le transistor constitue la partie active (amplificatrice) qui est le fondement de toute l'électronique à l'état solide.
Quand une épaisseur de corps semi-conducteurs se trouve placée entre deux épaisseurs de matière semi-conductrice opposée, un assemblage semiconducteur à trois couches et deux jonctions est créé : c'est le transistor. Ce type d'assemblage permet de réaliser des transistors du genre *p-n-p* ou *n-p-n*. La seule différence se trouve dans la polarité des bornes. Tous deux peuvent être utilisés comme amplificateurs de courant.

Dans le type *n-p-n*, les électrons circulent de l'émetteur *n* à la base *p* sous l'effet d'une tension polarisante. La base a peu de trous permis : le courant y est faible. Attirés par la polarisation inverse de la seconde diode, les électrons affluent dans la région *n*, qu'on appelle collecteur, tout en traversant la base. L'important flux d'électrons de l'émetteur au collecteur est proportionnel au faible courant de trous de la basc à l'émetteur.
Les tout premiers transis-

tors étaient à contact par point. Une méthode de fabrication qui fut rapidement abandonnée pour être remplacée par la méthode dite par alliage. Cette technique consiste à fondre deux pastilles de matière du type *p* dans un barreau de type *n*. Il en résulte un semi-conducteur de type *p-n-p,* qui ne peut toutefois servir que pour des courants faibles.

Lorsque l'on a besoin d'une puissance supérieure, on emploie des pièces plus importantes de chaque matière pour fabriquer par alliage un transistor à jonction de puissance. Le collecteur y est solidaire d'un "chapeau", et, pour permettre au dispositif de débiter de fortes puissances en permanence, l'ensemble est fixé sur un radiateur qui permet d'évacuer le dégagement de chaleur. Car celle-ci risquerait d'endommager l'appareil en lui faisant perdre ses propriétés.

Les *transistors à effet de champ* fonctionnent tout à fait différemment que les transistors à jonction. On utilise le fait qu'une tension inverse appliquée à une jonction crée une barrière isolante dont la largeur augmente avec la tension appliquée. Si la barrière est dans un canal conducteur, il est possible alors de moduler la section du canal, et donc sa résistance.

On remarque la différence fondamentale : dans le transistor à jonction, la commande se fait à fort courant et à tension très faible ; dans le transistor à effet de champ, la commande se fait à forte tension mais à débit presque nul. Ce dernier appareil ressemble beaucoup plus au tube triode, où la commande est effectuée sur une grille à débit nul.

On utilise les transistors à effet de champ lorsque l'on a besoin de faible consommation et de grande rapidité.

Thyristor

Le thyristor, ou thyratron au silicium, est un transistor qui comporte quatre couches : trois jonctions *p-n* et trois électrodes (cathode, grille et anode). Quand le branchement est inverse (électrode positive reliée à un pôle positif), un thyristor bloque le courant de la même façon que dans une simple diode ; lorsque le branchement est direct (électrode négative reliée à un pôle positif), un thyristor bloque aussi le courant jusqu'à ce qu'une impulsion électrique soit envoyée dans la grille. Le dispositif devient alors très conducteur ; il demeure dans cet état tant que le courant d'anode est maintenu au-dessus d'un certain niveau et tant que la tension n'est pas inversée. Là alors, la grille doit être excitée à nouveau pour que le thyristor soit conducteur.

Le thyristor est utilisé dans plusieurs applications : commandes de puissance, redresseurs de puissance, ondulateurs, disjoncteurs électroniques.

Supraconductivité

La résistance électrique de certains conducteurs devient brutalement inférieure à toute valeur mesurable au-dessous d'une certaine température T_c, dite *température critique,* de l'ordre de quelques degrés absolus. On admet qu'il y a transition du conducteur de l'état normal (N) à l'état supraconducteur (S). Donc, dans un conducteur à l'état S, un courant électrique peut circuler sans dissipation d'énergie.

Aujourd'hui, la température critique continue son ascension : elle atteint 125 kelvins dans deux nouvelles familles d'oxyde de cuivre. Ces matériaux perdent ainsi toute résistance au passage du courant électrique à des températures critiques bien supérieures à celles des supraconducteurs précédents. En outre, ils ne contiennent ni de l'yttrium, ni des terres rares comme le lanthane, mais des éléments métalliques de post-transition, le bismuth et le thallium.

Seuls les théoriciens peuvent proposer une réponse à la question : "Jusqu'où montera la température critique ?"

GLOSSAIRE

Accélérateur : outil de la physique expérimentale des particules donnant des faisceaux de particules de haute énergie.

Action : produit d'une énergie par une durée, ou d'une impulsion par une longueur.

Amplitude : nombre complexe dont le module au carré est une intensité ou une probabilité.

Annihilation : processus au cours duquel un fermion et son antiparticule se transforment en bosons.

Antiparticules : particules et antiparticules ont la même masse, le même spin, mais tous les nombres quantiques additifs opposés.

Asymptotique (champ) : champ quantique libre, car éloigné de la zone spatio-temporelle d'interaction.

Atome : structure constituée du noyau et du cortège électronique.

Baryon : hadron fermionique.

Bell (inégalités de) : critère expérimental qui permet de discriminer la théorie quantique de la théorie des variables cachées. L'observation expérimentale de la violation des inégalités de Bell a permis d'invalider les théories de variables cachées.

Boson : particule d'interaction. Le spin des bosons est entier ou nul.

Bulles (chambre à) : détecteur; outil de la physique expérimentale des particules.

Calorique : terme utilisé jusqu'au XVIIIe siècle pour décrire les phénomènes relatifs à la chaleur.

Centre de masse (système du) : référentiel d'espace-temps dans lequel la somme vectorielle est nulle.

Champ : système dynamique qui dépend d'un nombre infini de degrés de liberté.

Champ quantique : tous les opérateurs définis en chaque point de l'espace-temps. Susceptible de représentations complémentaires (ondulatoire et corpusculaire).

Charge : quantité physique conservée en liaison avec la relativité de la phase des champs de matière. La charge définit l'intensité du couplage dans l'interaction électromagnétique. Par extension, on emploie le terme de charge pour caractériser le couplage dans les interactions ("charge" de couleur, "charge" faible, par exemple).

Chromodynamique quantique : théorie de l'interaction des quarks par échange de gluons, en relation avec la symétrie de couleur. Souvent désignée par QCD *(Quantum Chromo Dynamics).*

Cinétique (énergie) : énergie de mouvement, égale au produit de la masse par la moitié du carré de la vitesse.

Cinétique (moment) : ou moment angulaire, quantité physique conservée en relation avec l'invariance par rotation. Produit d'une impulsion par une longueur, le moment cinétique a le contenu dimensionnel d'une action, produit d'une énergie par une durée.

Cohérent : en phase.

Collisionneur : outil de la physique expérimentale des particules, qui permet de réaliser des collisions de faisceaux de particules.

Commutateur : le commutateur de deux opérateurs A et B est l'opérateur AB-BA.

Complémentarité : il s'agit de l'objectivité en théorie quantique. La réalité quantique n'est jamais décrite "en soi", mais comme partie prenante d'ensembles de phénomènes, de représentations. Une même réalité peut correspondre à deux représentations complètes, contradictoires, qui s'excluent mutuellement ; ces deux représentations sont dites complémentaires. C'est le cas, par exemple, des représentations corpusculaire et ondulatoire du champ électromagnétique.

Complexe (nombre) : un nombre complexe est un nombre dont le carré n'est pas nécessairement positif. Il équivaut à un couple de nombres réels (ordinaires), sa partie réelle et sa partie imaginaire, ou bien son module ainsi que sa phase.

Composite : contraire d'élémentaire. Le modèle qui est composite est un essai de dépassement du modèle standard, dans lequel les leptons et les quarks ne sont pas élémentaires mais alors composites de préons ou de rishons.

Confinement : propriété des quarks et des gluons de ne pouvoir être isolés à l'état libre.

Conjugaison de charge (opérateur de) : opérateur transformant toute particule en son antiparticule.

Connexion : théorème fondamental de la théorie quantique des champs selon lequel les fermions sont des particules de spin demi-entier et les bosons des particules de spin nul ou entier.

Conservation (loi de) : loi traduisant, pour un système physique isolé, la conservation d'une quantité physique.
De nombreuses grandeurs physiques obéissent à un principe de conservation qui dit que la grandeur considérée reste globalement constante dans un système isolé.
ρ représentant alors la densité locale d'une grandeur G extensive obéissant à un principe de conservation, on est souvent en mesure d'établir une équation locale dite de conservation ou de continuité du type :

$$-\frac{\delta\rho}{\delta t} = \vec{\nabla} \cdot \vec{j}$$

$\vec{j}$ étant un champ vectoriel appelé vecteur-courant de G dont le flux à travers une surface est égal au débit de G qui traverse celle-ci.

Constante de couplage : nombre caractérisant l'intensité du couplage dans une certaine interaction.

Cooper (paires de) : électrons qui sont apariés dans un supraconducteur.

Cordes (modèle des) : modèle fondé sur la dualité, dans lequel les hadrons sont en forme de corde dont les extrémités sont les quarks.

Courant : en électrodynamique quantique, le courant élémentaire est constitué par une particule chargée et ce qu'elle devient par l'émission d'un photon. Ce concept peut être généralisé à l'interaction faible. Il y a des courants faibles chargés et neutres.

Covariance : façon dont se transforme une observable ou un état sous l'effet d'un changement de référentiel.

Critique : relatif à une transition de phase.

Décuplet : famille de dix particules.

Degré de liberté : paramètre qui permet de définir la position d'un système au sein de l'espace.

Dérivée : la dérivée d'une fonction par rapport à une variable est la limite du rapport de l'accroissement de la fonction à l'accroissement de la variable, quand ce dernier tend vers zéro.

Deutérium : isotope de l'hydrogène.

Deuton : noyau de deutérium, comportant un proton et un neutron.

Dimensionnel (contenu) : proportion dans laquelle interviennent les quantités physiques fondamentales dans la définition d'une quantité physique dérivée. Les lois physiques sont des relations entre quantités physiques qui ont un contenu dimensionnel tout à fait identique.

Dualité : approche de la dynamique des hadrons, tenant compte du "principe de démocratie hadronique" et aboutissant au modèle des cordes.

Dualité onde-corpuscule : équivalence des représentations ondulatoire et corpusculaire des phénomènes quantiques.

Dynamique (système) : système qui est dépendant du temps.

Echelle (invariance d') : invariance par changement du pouvoir de résolution des appareils d'observation.

Efficace (section) : quantité qui a le contenu dimensionnel d'une aire, proportionnelle à la probabilité de transition.

Einstein (équation d') : l'énergie cinétique d'une particule de masse m animée de la vitesse v est :

$$K = (\gamma - 1) m c^2$$

avec :

$$\gamma = \frac{1}{\sqrt{1 - \frac{v^2}{c^2}}}$$

c étant la célérité de la lumière.

On peut interpréter K comme la différence entre l'énergie $E = \gamma m c^2$ de la particule animée de la vitesse v et de son énergie au repos ou énergie de masse.

Electrodynamique quantique : théorie de l'interaction électromagnétique au niveau élémentaire. Souvent désignée par QED *(Quantum Electro Dynamics).*

Electrofaible : relatif à l'unification des interactions électromagnétique et faible.

Electromagnétique (interaction) : l'une des quatre interactions fondamentales qui est responsable de la cohésion de l'atome.

Electron : lepton qui est de charge -1 et de masse invariante 0,5 Mev/c^2.

Energie : produit de la force par le déplacement.

Entropie : elle permet de mesurer la "qualité" de l'énergie. Le second principe de la thermodynamique postule que, pour un système isolé, l'entropie ne peut que croître.

Equipotentielle : surface normale aux lignes de champ ; le potentiel y est constant.

Espace-temps (Minkowski) : continuum à quatre dimensions servant à formuler la théorie de la relativité.

Espace-temps (Riemann) : espace-temps de métrique variable, qui sert à la formulation géométrique de la relativité générale.

Etat (amplitude d') : il s'agit de l'amplitude dont le carré du module est la probabilité que le système soit dans l'état considéré. Les amplitudes d'état sont les vecteurs de l'espace de Hilbert.

Etat lié : structure composite stable. L'énergie de liaison est la différence entre la somme des énergies de masse des constituants et l'énergie de masse de la structure.

Ether : fluide immatériel hypothétique qui remplit l'espace situé entre les astres. Au XIXe siècle, on supposait qu'un repère lié à l'éther jouait le rôle de repère absolu pour les lois de l'électromagnétisme.

Etrangeté : nombre caractéristique d'une particule noté *S*, servant à interpréter la durée de vie relativement longue de certains hadrons tels que les hypérons et les kaons.

Evénement : point de l'espace-temps de Minkowski, repéré par trois coordonnées spatiales et une date.

Exclusion (principe d') : principe qui interdit à deux fermions de se trouver dans le même état.

Faible (interaction) : interaction nucléaire fondamentale dont la portée est analogue à celle de l'interaction forte, mais d'une intensité considérablement moindre, d'où le nom qu'elle porte.

Fermi : unité de longueur valant 10^{-13} cm.

Fermion : particule de spin demi-entier.

Feynman (diagramme de) : diagramme qui permet de visualiser de manière symbolique le déroulement spatio-temporel des processus élémentaires d'interaction. Les règles de Feynman, qui font correspondre une amplitude à chaque diagramme, conduisent au développement perturbatif des amplitudes de transition.

Fibre : espace des degrés de liberté interne des champs quantiques.

Fluide : terme qui englobe l'état liquide et l'état gazeux. L'état fluide est caractérisé par l'absence de forme propre et la possibilité de diffusion mutuelle de plusieurs fluides les uns à travers les autres.

Fock (espace de) : superposition infinie d'espaces de Hilbert correspondant chacun à un nombre donné de particules.

Forte (interaction) : interaction nucléaire fondamentale qui explique que le noyau n'éclate pas malgré la répulsion électrostatique des protons qu'il contient. Elle est la plus intense des interactions connues mais, de faible portée, elle ne se fait pas sentir en dehors du noyau.

Foucault (courants de) : nom particulier donné aux courants induits qui apparaissent dans la masse d'un conducteur quand celui-ci se déplace dans un champ magnétique ou quand il est soumis à un champ magnétique variable dans le temps.

Fractal : objet dont la forme dépend de l'échelle d'observation.

Fréquence : caractéristique d'une onde égale au nombre d'oscillations par unité de temps.

Galvanomètre : appareil destiné à mesurer de faibles intensités électriques.

Gauss (approximation de) : un système centré est utilisé dans les conditions de Gauss si tous les rayons lumineux qui le traversent font un petit angle avec son axe et rencontrent les divers dioptres à proximité de leurs sommets. Ces conditions permettent de réaliser le stigmatisme approché pour un point objet quelconque.

Gaz : état de la matière dans lequel les molécules, animées d'un mouvement désordonné (agitation thermique), sont sans contact permanent les unes avec les autres.

Générateur : opérateur associé à une observable conservée dans le cadre d'une invariance par un groupe de symétrie.

Genre : propriété des intervalles d'espace-temps qui peuvent être de genre espace, temps ou lumière.

Géodésique : chemin le plus court.

GeV : giga-électron-volt. Energie communiquée à un électron par un potentiel de un milliard de volts.

Globale (invariance) : invariance par des transformations de symétrie identiques en tout point de l'espace-temps.

Gluon : boson de jauge de la chromodynamique quantique.

Gravitation : interaction fondamentale qui se traduit par des forces attractives s'exerçant entre toutes les particules de l'Univers (attraction universelle). Ces forces sont proportionnelles aux masses des particules qui interagissent et inversement proportionnelles aux carrés de leurs distances mutuelles.

Groupe : ensemble d'opérations de symétrie.

Guide d'ondes : système permettant de confirmer la propagation d'ondes électromagnétiques le long d'un trajet bien déterminé. Dans le domaine hertzien, un guide d'ondes comporte des tuyaux creux.

Hadron : particule participant à toutes les interactions fondamentales.

Hadronique (principe de démocratie) : principe selon lequel tous les hadrons doivent être traités à égalité du point de vue de l'élémentarité.

Heisenberg (inégalités de) :

inégalités qui traduisent l'impossibilité, liée à l'existence du quantum d'action, de mesurer simultanément avec des précisions arbitraires des observables incompatibles. Ces inégalités déterminent la durée pendant laquelle des systèmes quantiques peuvent se trouver dans un état virtuel.

Hermitique : relatif à un opérateur dont les valeurs propres sont réelles.

Hilbert (espace de) : espace vectoriel de dimension infinie. Espace de représentation de l'objectivité quantique.

Hubble (constante de) : coefficient de proportionnalité entre la vitesse d'éloignement de deux galaxies et leur distance.

Hypercharge : nombre caractéristique d'une particule, qui est défini par :

$$Y = B + S$$

B étant le nombre baryonique et S l'étrangeté.
De même que S, Y n'est pas conservé au sein des interactions faibles.

Hypéron : baryon de masse supérieure à celle des nucléons. Ces particules sont instables.

Imaginaire pur : nombre complexe dont le carré est réel négatif. Tout nombre complexe est la somme d'un nombre réel (sa partie réelle) et d'un nombre imaginaire pur (sa partie imaginaire).

Impulsion : produit de la masse par la vitesse. Ce terme est parfois employé comme synonyme de "quantité de mouvement".

Indiscernabilité : ne peut être levée dans un phénomène quantique qu'au prix d'une perturbation détruisant le phénomène.

Inducteur : dans un phénomène d'induction électromagnétique, système qui cause lc phénomène (source du champ magnétique inducteur) et induit le système qui le subit (conducteur dans lequel circulent les courants induits).

Inertie (principe d') : dans certains repères, dits galiléens, un système soumis à des forces de somme nulle a une quantité de mouvement totale constante, son centre de masse est animé d'un mouvement rectiligne uniforme.
Ce "principe" peut être considéré comme un cas particulier de la relation de la dynamique.

Interférence : phénomène qui peut arriver dans une région de l'espace où les ondes émises par plusieurs sources se superposent. Ce qui se traduit par des modulations spatiales de l'intensité énergétique qui sont appelées *franges d'interférence;* il ne se produit que si les sources qui interfèrent ont même fréquence et sont cohérentes entre elles.

Interne (degré de liberté) : paramètre définissant une propriété intrinsèque d'une particule élémentaire.

Intervalle d'espace-temps : distance non euclidienne entre deux points de l'espace-temps de Minkowski.

Invariance : absence de changement sous l'effet d'une certaine transformation. Un système physique satisfait une propriété de symétrie, s'il est invariant sous l'effet des opérations de cette symétrie.

Ion : atome ou molécule ayant perdu ou gagné un ou plusieurs électrons.

Isotopes : atomes dont les noyaux diffèrent par le nombre de neutrons.

Isotrope : un corps se trouve isotrope en un point si ses propriétés en ce point ne dépendent pas de la direction.

Jauge (invariance de) : invariance par des opérations de symétrie dépendant du point d'espace-temps où elles sont appliquées.

Kaon : particule étrange de la famille des mésons.

Lagrangien : en mécanique classique, le lagrangien est la différence entre l'énergie cinétique et l'énergie potentielle.

Laser : rayonnement caractérisé par sa cohérence ainsi que par une exceptionnelle monochromaticité. Les lasers sont utilisés dans un nombre d'applications toujours croissant.

Lentille : espace transparent compris entre deux calottes sphériques.

Lepton : particule qui n'est pas soumis à l'interaction nucléaire forte.

Linéaire (combinaison) : opération sur des vecteurs, consistant à les multiplier par des nombres réels ou complexes et à les ajouter.

Mach (principe de) : selon ce

principe, l'existence de forces d'inertie dans les repères non galiléens serait due au mouvement de ceux-ci par rapport aux masses éloignées de l'Univers.
Il convient de remarquer que cette conception fait maintenant partie de la relativité générale.

Maser : dispositif semblable au laser dans le domaine des ondes hertziennes. On emploie surtout ce type d'appareil en tant qu'amplificateur ou oscillateur à faible bruit.

Masse critique : les neutrons produits par la fission d'un noyau lourd peuvent engendrer à leur tour d'autres fissions. Si l'on ne réunit qu'une masse faible de matière fissile, la plus grande partie des neutrons produits s'échappent du matériau sans avoir pu provoquer de nouvelles fissions. En revanche, si une masse supérieure à une certaine masse qui est dite critique se trouve réunie, on obtient une réaction en chaîne divergente qui réalise très rapidement la fission de la totalité de la masse fissile réunie.

Matière (champ de) : c'est un champ quantique de fermions.

Matrice : représentation mathématique d'une opération ou d'un opérateur.

Maxwell (équations de) : équations qui décrivent le mouvement de charges électriques interagissant avec un champ électromagnétique. Ces équations correspondent à l'approximation classique de la théorie de l'induction électromagnétique.

Mécanique : étude des mouvements et de l'équilibre éventuel des systèmes matériels.

Méson : particule qui subit l'interaction forte et de nombre baryonique nul.

Mev : méga-électron-volt. Energie communiquée à un électron par un potentiel de un million de volts.

Module : norme ou valeur absolue d'un nombre complexe.

Molécule : brique fondamentale de la matière macroscopique. Edifice chimiquement stable d'atomes.

Monochromatique : relatif à un faisceau de longueur d'onde (ou d'impulsion) bien définie.

MTS : sigle de mètre-tonne-seconde. Ancien système d'unités mécaniques.

Muon (ou lepton μ **) :** lepton de spin 1/2 et de masse invariante 107 Mev/c^2.

Neutrino : lepton neutre qui ne participe qu'à l'interaction faible.

Neutron : particule de charge nulle et de masse légèrement supérieure à celle du proton. On rencontre le neutron dans les noyaux en même temps que l'autre nucléon, le proton, auquel il est lié par l'interaction forte.

Noir (corps) : corps totalement absorbant, au rayonnement électromagnétique.

Noir (trou) : corps dont la densité est si élevée que son champ de gravitation satellise la lumière.

Noyau : coeur de l'atome, de charge positive, constitué de protons et de neutrons beaucoup plus lourds que les électrons périphériques. Il constitue à lui seul l'essentiel de la masse de l'atome. La cohésion du noyau, malgré la répulsion des protons, s'explique par l'interaction forte qui "colle" les uns aux autres les nucléons.

Nucléon : désigne le doublet d'isospin proton-neutron. Tous deux subissent de même façon l'interaction forte et ne diffèrent que par leur charge, nulle pour le neutron, égale à la charge élémentaire pour le proton.

Numéro atomique : c'est le nombre, noté *Z*, des protons contenus dans le noyau de l'atome. L'atome étant globalement neutre, *Z* est également le nombre de ses électrons.

Onde : phénomène découlant de la propagation dans un milieu d'une succession de signaux émis par un système appelé source, ou émetteur. Les ondes peuvent être *progressives* si, dans un milieu qui est illimité, elles s'éloignent indéfiniment de la source. Dans un milieu fini, les ondes qui arrivent sur ses limites (ondes incidentes) peuvent être réfléchies, la superposition (ou interférence) de l'onde incidente et de l'onde réfléchie peut engendrer une nouvelle espèce d'onde, l'*onde stationnaire.*

Onde électromagnétique : changement du champ électromagnétique pouvant se propager, même sans support matériel. L'émission des ondes électromagnétiques peut provenir du mouvement accéléré de particules chargées ou de transitions entre les niveaux d'énergie d'un atome. Les ondes électromagnétiques transportent de l'énergie et de la quantité de mouvement. D'un point de vue quantique, la particule qui se trouve associée à l'onde électromagnétique est le photon.

Opérateur : transforme un vecteur de l'espace de Hilbert en un autre vecteur.

Orthochrone : qui conserve le sens du temps.

Orthoscopique : se dit d'un système optique s'il est corrigé de l'aberration géométrique appelée distorsion.

Parité : opération par laquelle on peut changer de signe les coordonnées d'espace.

Parsec : unité de longueur très utilisée en astronomie. Il s'agit de la contraction de parallaxe-seconde.

Particule : constituant ultime de la matière. La notion habituelle de particule de masse donnée devient contestable pour les particules les plus instables.

Parton : constituant ponctuel d'une structure sondée au microscope électronique.

Pascal (théorème de) : les liquides en équilibre transmettent les variations de pression auxquelles ils sont soumis. Appelé autrefois "principe de Pascal", ce résultat peut, pour un fluide incompressible, être établi à partir de la relation fondamentale de l'hydrostatique.

PCT (théorème) : théorème en théorie quantique relativiste des champs : toute dynamique est invariante sous l'effet du produit de la parité, de la conjugaison de charge et du renversement du sens du temps.

Périastre : point P de la trajectoire d'un satellite le plus proche de l'astre attracteur.

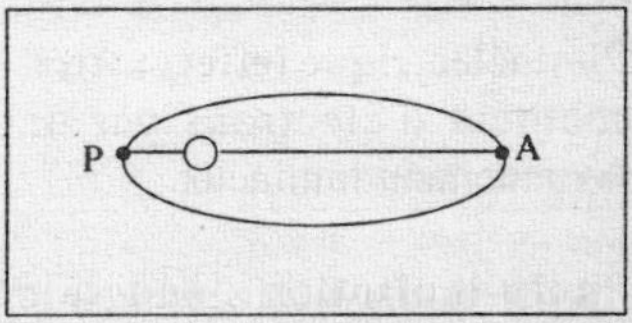

Pour un satellite de la Terre, on parle de *périgée*. Pour un satellite su Soleil (planète, comète), on parle de *périhélie*.

Phase : argument concernant un nombre complexe. Quand on divise un nombre complexe par son module, la partie qui est réelle du nombre obtenu est le cosinus de la phase, et la partie imaginaire le sinus.

Phases (espace des) : espace abstrait à 2N dimensions, dans lequel un système physique dépendant de N degrés de liberté est représenté par un point dont les coordonnées sont les N degrés de liberté et leurs dérivées par rapport au temps.

Photino : partenaire supersymétrique (avec un spin 1/2) du photon.

Photoconductivité : influence de l'éclairement d'un corps sur la conductivité de celui-ci. La conductivité de certains semi-conducteurs augmente quand ils sont éclairés.

Photoélectrique (effet) : Arrachement d'électrons par un rayonnement lumineux.

Photo-ionisation : émission d'électrons par les atomes d'un gaz soumis à l'action d'un rayonnement électromagnétique. Cet effet est caractérisé par des longueurs d'onde de seuils nettement plus faibles que ceux de l'effet photoélectrique.

Photométrie : étude de l'énergie due au rayonnement électromagnétique.

Photon : particule de charge nulle associée à une onde électromagnétique.

Photovoltaïque (effet) : production d'énergie électrique par un système recevant un flux lumineux.

Polarisation : il s'agit de la valeur moyenne de la projection du spin sur un axe.

Positron ou **positron :** antiparticule de l'électron.

Potentiel : énergie dont découle une force. La force est le gradient du potentiel.

Proton : particule de charge positive qui est égale à la charge élémentaire ainsi que de masse 1 836,152 fois supérieure à celle de l'électron. Le proton est un constituant des noyaux, tout comme le neutron auquel il est lié par l'interaction forte.

Pulsar : objet céleste qui émet un rayonnement pulsé, interprété comme un astre de très grande densité.

Quadrivecteur : vecteur formé de quatre composantes de l'espace-temps.

Quantum d'action : quantité minimale d'action représentant la perturbation qu'introduit inévitablement tout acte de mesure. C'est la signification de la constante de Planck, qui est une constante universelle. Elle vaut : h = 6,6 10^{-34} joule seconde.

Quark : particule élémentaire de matière du modèle standard. Constituant élémentaire de charge fractionnaire des hadrons. Caractérisé par une saveur et une couleur.

Radioactivité : ensemble des phénomènes correspondant à l'interaction nucléaire faible (radioactivité naturelle) et à l'interaction nucléaire forte (radioactivité artificielle).

Réaction nucléaire : se dit d'une réaction entre noyaux, au cours de laquelle la nature des nucléides mis en jeu est modifiée. On distingue les réactions nucléaires spontanées et les réactions nucléaires provoquées, parmi lesquelles la fission, la fusion et les transmutations.

Référentiel : réunion d'un repère spatial et d'un repère temporel (chronologie).

Relativité restreinte : théorie généralisant la mécanique classique, qui tient compte de l'invariance de la vitesse de la lumière.

Relativité générale : extension de la théorie de la relativité restreinte, qui prend en compte l'interaction de gravitation - effet de la courbure de l'espace-temps.

Renormalisation : procédure qui permet de gérer les infinis qui interviennent en théorie quantique des champs en interaction.

Résonance : particule de très courte durée de vie.

Saveur : il s'agit de la caractéristique (nombre quantique additif) de quark.

Section efficace : grandeur caractérisant la probabilité d'une interaction donnée.

Signal : modification momentanée des propriétés d'un milieu se propageant à travers ce milieu.

Spectre : en envoyant sur un prisme un faisceau de lumière blanche, on obtient un faisceau étalé et coloré. On dit que le prisme disperse la lumière. L'image recueillie sur un écran est appelée spectre. Celui-ci caractérise la répartition de l'énergie lumineuse incidente suivant les diverses longueurs d'onde.

Spectroscopie : identification de particules grâce à leurs nombres quantiques qui ont été conservés.

Température : grandeur mesurant l'agitation microscopique de la matière. De nombreuses grandeurs dépendent de cette agitation.

Trajectoire : ligne parcourue au cours du temps par le portrait d'un système au sein de l'espace des phases.

Unification : traitement dans une même théorie de plusieurs interactions fondamentales. Modèle standard, électrofaible et interaction fondamentale.

Unité de masse atomique : douzième de la masse de l'atome de l'isotope 12 de l'élément carbone.

Valence (quarks de) : quarks qui confèrent au hadron ses nombres quantiques.

Variables cachées : tentative de description classique des effets quantiques.

Vecteur : élément d'un espace vectoriel, défini par ses propriétés de covariance par changement de référentiel.

Vectoriel (champ) : champ quantique à trois composantes dont les quanta sont des particules de spin 1.

Virtuel : état anormal dans lequel peuvent se trouver des particules quantiques pendant des durées limitées par les inégalités de Heisenberg.

Voltmètre : appareil muni de deux bornes qui indiquent la différence de potentiel entre celles-ci.

TABLE DES MATIÈRES

IMPRESSION : BUSSIÈRE S.A., SAINT-AMAND (CHER). — N° 1336
D. L. MAI 1995/0099/195
ISBN 2-501-02076-6
Imprimé en France